HAIRCUT design

오지영 · 반효정 · 이부형 · 배선향 · 심은옥 공저

光文閣
www.kwangmoonkag.co.kr

머리말

우리나라의 미용은 생활 수준의 향상과 경제 발달로 인해 발전이 가장 빠른 분야 중 하나로, 특히 실기 기술이 많은 부분을 차지하는 실용학문이다. 미용에서 hair 분야의 기초는 무엇보다도 hair cut이라 할 수 있으며, 이에 본 교재에서는 hair cut의 이론과 실습을 7장으로 나누어 정리해 보았다.

제1장에서는 hair style을 완성하는 데 있어서 필요한 design의 원리와 결정 과정에 대해 알아봄으로써 과학적이고 예술적인 hair design에 대해 구사해 보았다.

제2장에서는 hair style을 만드는 소재라 할 수 있는 모발의 구조와 성분, 특성들에 대해 알아보았다.

제3장은 hair cut의 기초 이론들로 역사와 도구, 기초 용어, techniques와 cut할 때의 주의사항에 대해 설명해 보았다.

제4장, 5장, 6장은 cut을 one-length, graduation, layer로 나누고, 각각의 형태에 따른 실제적인 hair cut design을 시술한 것이다.

특히 제7장에서는 각각의 cut 형태가 혼합된 combination design에 대해 시술했으며, 이전의 cut 도구인 가위(scissors)뿐만 아니라 clipper와 razor를 사용하는 cut을 소개해 보았다.

최선을 다하였으나 부족한 부분은 앞으로 수정·보완할 것을 약속드리며, 본 교재가 미력하나마 미용업계와 학계 학생들에게 도움을 주는 작은 지침서가 될 수 있기를 기대해 본다.

끝으로 본서의 출판을 위해 도움을 주신 광문각 박정태 사장님과 편집부 직원 여러분들의 노고에 진심으로 감사드린다.

2015년 2월

저자 일동

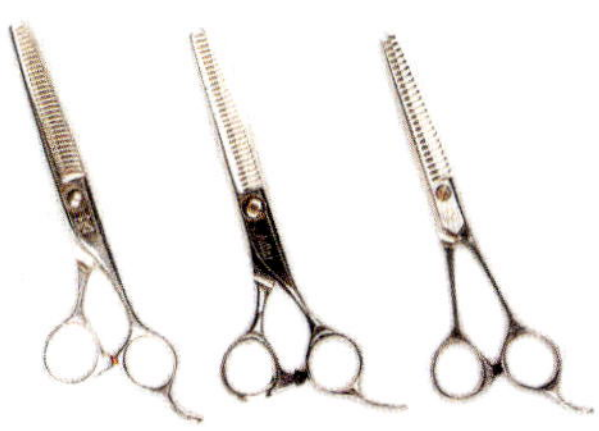

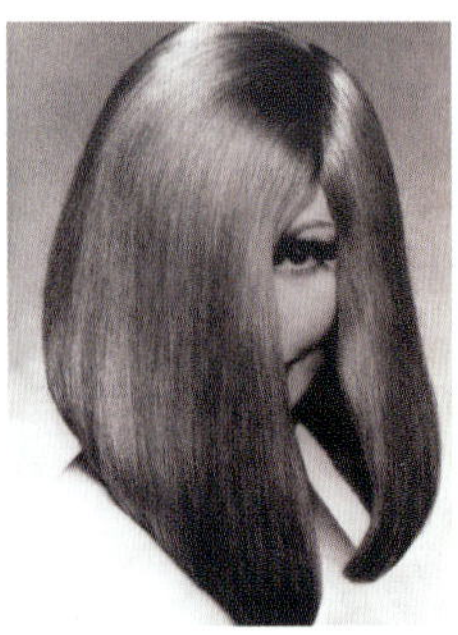

chapter 1. Hair Design의 이해

1. Hair Design 개념

Hair design은 모발이라는 소재에 선(line), 모양(shape), 방향(direction) 그리고 질감(texture)을 이용하여 만든 예술이다. 특히 hair cutting은 아름다운 hair style을 만드는 기초가 되고, hair design에서 매우 중요한 창작 예술 분야로서 '조각 예술(hair sculpture)' 이라고도 한다.

이와 같이 Hair design도 조각, 그림, 무용, 음악, 건축과 같은 예술의 한 형태로서, 각각의 design은 창조적 구성 요소들 사이에 예술적, 과학적 개념을 포함하고 있다. Designer로서 대상물을 관찰하고 분석하는 데 있어 균형 잡힌 시각을 갖기 위해서는 좌뇌와 우뇌 모두의 능력을 개발시키는 것이 중요하다. 완성된 결과를 마음 속에 그리는 '구상(visualizing)' 을 하려면 우뇌(예술적 재능)의 사고가 필요하고, 시술 절차 상황을 분석하고, 그 구성 성분을 조합하여 논리적으로 계획하여 design을 창조(creating)하기 위해서는 좌뇌(기술적 재능)의 사고 또한 필요하다.

2. Hair Design 요소

Hair design에는 형태(form), 질감(texture), 색상(color)의 기본 요소들이 있어서, 이것들을 변수로 조합, 응용하면 독창적이고 다양한 design을 많이 만들어 낼 수 있는데, 이러한 조합 방식을 design 원리라 말한다.

1) 형태 (머리형, form)

Design의 형태는 길이 배열(length arrangement)이나 구조(structure)를 기초로 하여 나타나는 바깥 가장자리(outer boundary)나 모양(shape)을 말한다.

2) 질감 (머릿결, texture)

질감은 머릿결, 머리의 겉모습으로 cut technique이나 perm, styling 등을 통해 나타나는 wave 형태, 직모 상태 등의 다양한 느낌을 말한다. 층(layers)이나 curl pattern이 없다면 '비활동적인 질감(unactivated texture)' 을 나타내고, 층(layers)이 있는 스타일은 '활동적인 질감(activated texture)' 을 나타낸다.

3) 색상 (color)

Design의 깊이(차원)를 더하기 위해, design의 어느 특정 부분을 강조하거나 단점을 cover함으로써 은은하고 차분한 느낌에서 대담한 느낌까지 다양한 범위로 표현되는 요소이다.

3. Hair Design 원리

Hair Design 원리는 design 요소들을 조합, 배열하는 방식(pattern)으로 다양한 design에 응용된다.

1) 반복(repetition)

위치를 제외한 모든 단위가 동일할 때

2) 교대(alternation)

둘 또는 그 이상의 요소들이 같은 패턴으로 반복될 때

3) 진행(progression)

모든 요소들이 비슷하나 일정한 비율로 변할 때, 이 연속된 일련의 일정한 비율 단계는 최종 결과를 향해 증가 또는 감소한다.

반복

교대

진행

4) 대조(contrast)

서로 상반되는 요소들의 바람직한(desirable) 관계로 변화를 가져오며, 디자인에 다양성을 가져오고 흥미를 만들어준다. 즉 대칭되는 선으로 두상(head)을 반으로 접었을 때 왼쪽 part와 오른쪽 part가 같은 분배로 나누어진다.

5) 비조화(discord)

요소들 간의 최대한의 간격으로, 극단적으로 다른 느낌의 요소들이 디자인 내에 공존한다. 반면에 비슷하지만 똑같지 않은 요소들이 디자인 내에 공존하면 조화롭게 된다.

대조

비조화

6) 균형(balance)

미적으로 만족스러운 요소들의 통합으로, 대칭(symmetry, 형식적 균형) 또는 비대칭(asymmetry, 비형식적 균형)이 될 수 있다.

(1) 대칭

대칭은 중심축의 양쪽에 균일하게 디자인 단위의 위치와 관련하여 크기와 모양에 균형을 이룬다.

(2) 비대칭

비대칭은 축의 반대쪽과 불균등하게 균형을 이룬다. 비대칭은 또한 중심축을 벗어난 비슷한 단위와 함께, 즉 대칭의 결여로 만들어질 수 있다.

대칭

비대칭

4. Hair Design 결정 과정

Designer는 고객에게 가장 알맞은 hair style을 선택하기 위해서 고객과 적절한 대화를 하고, 예리하게 관찰할 필요가 있다.

1) 마른 모발 관찰

모발을 적시기 전에 평소 hair style과 사용 제품을 살펴 두고, 옷을 입는 style과 소품 등으로 fashion 감각도 파악한다. 또한 고객의 얼굴형과 신장(체격)을 살펴봄으로써 적절한 모발의 길이, volume의 양과 위치를 결정한다.

2) 젖은 모발 관찰

hair style의 기본이 되는 골격(두상, bone structure)과 목덜미(nape) 부분의 자연 성장 pattern, 모류(whorl), 모량, 모질, 두피 상태 등의 자연적인 특징들을 파악한다.

3) 심리적 특징 파악

대화를 통해 고객의 성격, 직업, 생활 양식, 나이, hair style 선호도 등을 알아내고 design에 참고하도록 한다.

※ Design 결정을 위한 방법

1) 신체적인 조건을 검토하라 (Examine the physical evidence)

Design 결정 과정에서의 첫 단계는 고객의 신체적인 조건을 검토하는 것이다. 이렇게 하기 위해서는 고객의 두상, 얼굴 모양과 신체 균형뿐만 아니라 모발 성장 패턴, 모결(모질), 모량과 hair color 등을 고려해야 한다.

2) 질문을 많이 하라 (Ask a lot of questions)

고객의 신체적 조건만큼 정서적인 조건도 중요하다. 고객의 생활 방식에 대해 질문하면서 고객의 머리길이, 머릿결, hair color, hair 상태와 모양에 대한 선호도를 감지한 후 고객이 원하는 image를 마음 속으로 그려본다.

3) Design을 시각화하라 (Visualize the design)

최종 결정을 하기 전에 전반적인 image들을 마음 속에 떠올린다. 즉 고객의 신체적, 정서적 조건을 면밀히 고려한 후 고객이 원하는 style에 맞는 design을 시각화한다.

4) 작업 계획을 세워라 (Create a game plan)

Hair style을 만들기 위한 cutting 기법과 hair color 등을 결정한다.

5) 시각화된 것을 언어로 표현하라 (Verbalize what you visualized)

Design 결정 과정에서 신체적(physical), 정서적(emotional), 기술적(technical)인 측면이 결정되면 그 형상화된 image를 고객에게 전달하고, 고객의 image와 상반되어 원하지 않을 때는 바꿀 수 있는 기회를 제공한다. 제작하고자 하는 design을 고객이 충분히 이해하도록 하는 것 또한 hair designer의 역할이다. Designer와 고객이 design 결정에 대해 동의하면 시술을 시작한다.

chapter 2. 모발 과학

생활 수준의 향상으로 모발(hair)에 대한 미의식(美意識)은 날로 높아지고 있으며, 외적인 아름다움을 나타내기 위해서는 아름답고 건강한 모발이 필수적이다. 이러한 모발은 모든 hair design의 가장 중요한 소재이기에, 이것의 구조와 특성에 대한 정확한 지식이 필요하다.

1. 모발의 기능

모발(hair)은 포유류 특유의 피부 부속기관으로서 피지선이나 한선과 함께 태아의 발육과 동시에 발생한다. 따라서 모든 피부의 발생에 따라 생겨나 '각화 작용'(keratinization)이 진행되어 한 가닥의 털로 형성된다.

모발은 한냉, 마찰 등 외부 자극으로부터의 손상을 최소화하며, 벌레, 먼지 등의 이물질의 침입을 막아주고, 모낭에 풍부한 지각 신경체로 인해 촉각이 발달되어 위험 등을 방지함으로써 인체를 보호하는 중요한 기능을 한다. 뿐만 아니라 신체에 유해한 비소, 수은, 아연 등의 중금속을 체외로 배출하는 기능도 가지고 있다. 이 외에도 장식면에서 여성과 남성의 특징을 나타내는 역할이나, hair style과 hair color 등의 변화로 개성을 표현하고 변화를 주는 등 미에 대한 다양한 욕구를 충족시켜주는 기능을 한다.

2. 모발의 구조

모발은 크게 피부 내에 있는 부분으로 모근(毛根, hair root)과 피부 밖으로 나와 있는 부분인 모간(毛幹, hair shaft)으로 나뉜다.

1) 모근(毛根, hair root)

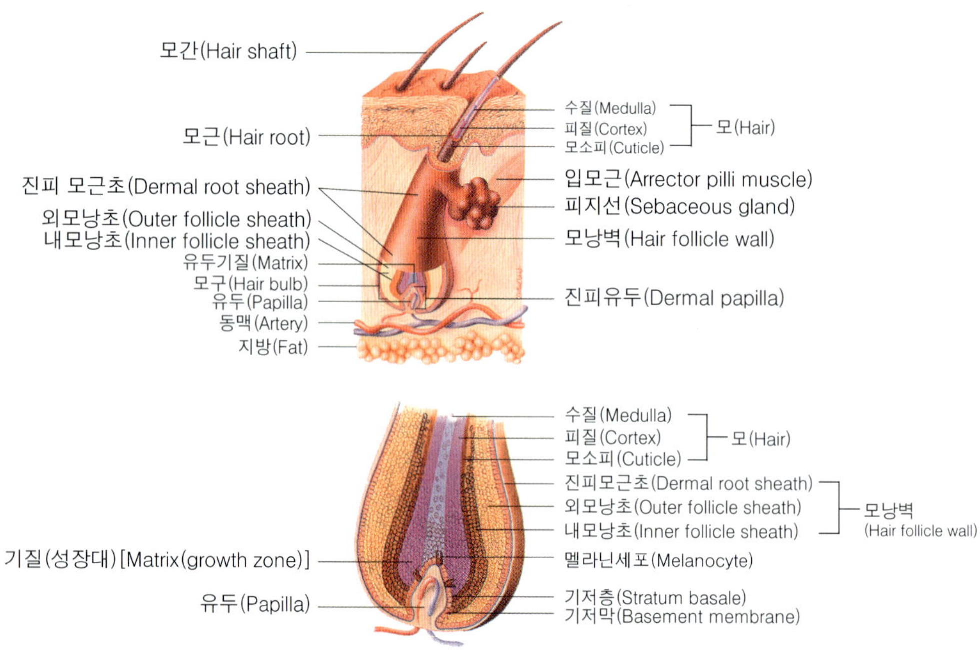

〈그림 2-1〉 모근의 구조

(1) 모낭(hair follicle)

작고 긴 관 모양으로 피부 안쪽으로 움푹 들어가 모근을 싸고 있은 주머니이다.

(2) 모유두(hair papilla)

모낭 끝에 있는 작은 말발굽 모양의 돌기(유두, 乳頭)조직으로, 모세혈관과 연결되어 모발 성장을 위해 영양분을 공급해주는 혈관과 신경이 몰려 있어 모발을 형성시켜주는 기관이다.

(3) 모구(hair bulb)

모유두의 위의 둥근 부분을 일컫는 용어로 전구 모양을 하고 있으며, 내부는 모모 세포와 멜라노사이트로 구성되어 있다.

(4) 피지선(sebaceous gland)

피지선은 전신에 분포되어 있는 것으로 대개 모낭벽에 붙어 있으며, 모공을 통해 피지를 분비하여 모발이나 피부를 매끄럽고 윤기나게 하며 건조를 방지한다. 피지선이 털과 관계없이 독립적으로 존재하는 곳은 입술, 눈두덩, 젖꼭지, 음부 등으로, 이런 곳에 존재하는 피지선은 '독립 피지선' 이라고 한다.

(5) 기모근(arrector pili muscle)

모낭벽에 붙어 있는 작은 근육으로, 추위나 공포를 느끼면 수축되어 피부에 소름이 돋게 하는 역할을 한다. 눈썹, 속눈썹, 콧털, 겨드랑이 털 등에는 기모근이 없다.

(6) 내모근초(inner root sheath) • 외모근초(outer root sheath)

모구부에서 발생한 모발을 완전히 각화가 종결될 때까지 보호하고, 피부 표피까지 운송하는 역할을 한다. 모발의 성장과 함께 위로 밀려 올라가 나중에는 비듬이 되어 두피에서 떨어진다.

(7) 모모세포(毛母細胞, hair-mother cell)

모유두를 덮고 있는 세포로서 끊임없이 세포 분열을 하므로 모발 생장에 매우 중요한 역할을 하며, 그 위치에 따라 모표피, 모피질, 모수질로 분화되어 성장한다.

(8) 멜라노사이트(melanocyte)

모발의 색을 결정짓는 멜라닌(melanin, 검정색소)을 생성하는 색소 형성세포로서, 모유두를 덮고 있는 모모세포 사이사이에 존재한다. 이것으로부터 생성된 멜라닌은 모모세포의 성장과 함께 위로 밀려 올라간다.

2) 모간(毛幹, hair shaft)

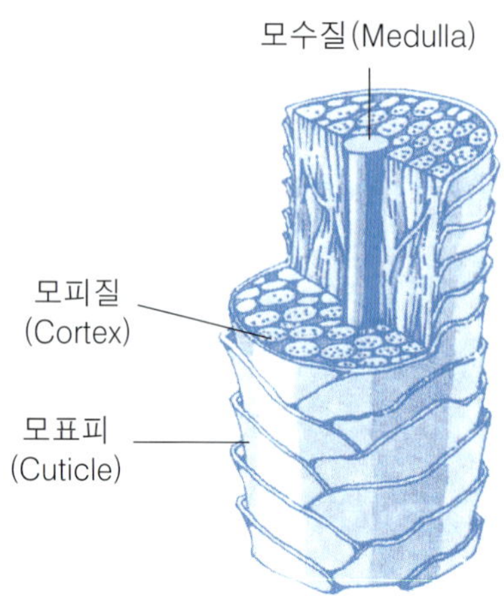

〈그림 2-2〉 모간의 구조

(1) 모표피(cuticle)

모발의 가장 바깥층으로 케라틴(keratin)이라는 경단백질로 구성되어 있다. 투명한 세포가 물고기 비늘 모양으로 겹쳐져 생긴 문리의 형태와 겹침에는 특유한 개인차가 있어 범죄 수사에 이용되기도 한다. 모표피는 기름과 친화하는 친유성을 띠므로 물과 약제의 침투에 대한 저항력은 강하나 기계적인 자극에는 약한 편이다.

건강모는 비늘 상태가 규칙적으로 겹쳐져 있으므로 광택이 있고 외부 자극에도 손상을 적게 받지만, 물리적, 화학적인 자극을 받으면 모표피가 손상, 박리, 탈락되어 모피질에 손상을 입게 된다. 이렇듯 모표피는 외부 자극으로부터 모발 내부를 보호하고 광택을 내는 역할을 한다.

(2) 모피질(cortex)

모발 면적의 80~90%를 차지하므로 미용 시술 시 가장 중요한 부분이다. 모표피와 모수질 사이에 있는 층이며, 섬유 모양의 피질세포 사이사이를 채우는 간충물질(matrix)로 구성되어 있다.

피질세포는 모발의 세로 길이 방향으로 나열되어 있으며, 모피질은 멜라닌 색소를 함유하고 있어 모발 색상을 결정한다. 물과 친화하는 친수성을 가지므로 약제의 작용을 쉽게 받기 때문에 퍼머넌트, 염색, 탈색 그 밖의 미용 시술과 관련성이 가장 많은 부분이다. 따라서 모피질은 모발의 탄력, 강도, 감촉, 질감, 색상 등을 좌우하여 모발의 성질을 나타내는 중요한 층이다.

(3) 모수질(medulla)

모발의 중심부에 있는 모수질은 벌집 모양으로 된 여러 개의 공포(空胞)에 공기를 함유하고 있어 보온의 역할을 한다. 직경 0.09mm 이상의 굵은 경모에는 존재하지만, 0.07mm 이하의 연모에는 거의 없다.

3. 모발의 주기(hair cycle)

모발은 하루에 약 0.2~0.5mm 정도(1달 1~1.5cm) 자라며, 이 성장 속도는 신체 부위, 연령(16~24세), 영양(단백질, 비타민, 무기질), 시간대별(낮〈밤, 가을, 겨울〈봄, 여름), 호르몬(남성호르몬〈여성 호르몬)에 따라 차이가 생긴다.

모발은 한 가닥 한 가닥이 다른 모발과 관계없이 독립적으로 자란다(Mosaic type). 또 모발은 일정한 수명(모주기, hair cycle)이 있어서 늘 자라기만 하는 것이 아니라 성장기, 퇴화기, 휴지기, 발생기의 단계를 거치면서 생장과 탈모를 거듭한다. 두발의 모주기는 보통 3~6년, 남성 수염은 2~3년, 속눈썹과 눈썹은 3~5개월 정도이다.

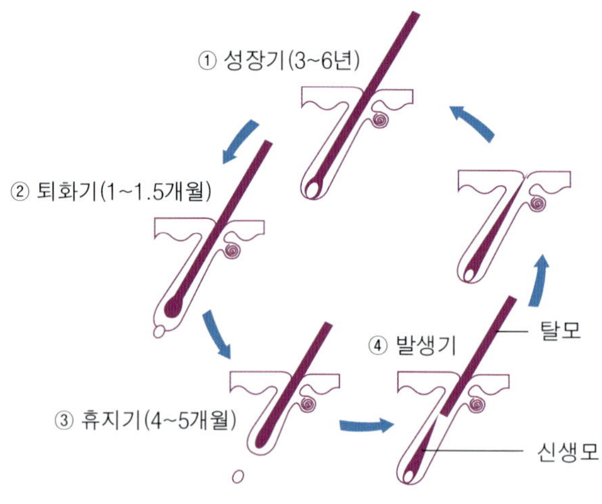

〈그림 2-3〉 모주기

1) 성장기(anagen stage)

모구부와 모유두가 결합되어 모발이 계속적으로 성장하는 단계로, 이 단계에 속하는 모발의 평균 수명은 3~6년이며 전체 모발의 약 80~90%가 이에 해당한다.

2) 퇴화기(catagen stage)

모구부가 수축함에 따라 모유두와 분리되어 성장이 천천히 퇴화하는 단계이다. 퇴화 기간은 1~1.5개월로 전체 모발의 약 1%를 차지한다.

3) 휴지기(talogen stage)

모낭이 더욱 작아지면서 모발이 모낭의 1/3선까지 밀려 올라가 브러싱(brushing)과 같은 물리적인 자극으로 자연 탈락되는 단계이다.

4) 발생기(new agagen stage)

모낭에 둘러싸여 있던 모구부가 모유두와 다시 결합하여 새로운 모발을 생장시키는 단계이다. 새로 생장하는 모발은 휴지기에 있던 모발을 밀어내어 탈모시킨다.

4. 모발의 구성 성분

모발은 대부분이 경단백질(keratin, 80~90%)이며, 수분(10~15%), 피지(1~8%), 멜라닌(3% 이하), 미량원소(0.6~1%) 등으로 이루어져 있다.

모발의 주성분은 시스틴(cystine)을 14~18% 함유하고 있는 케라틴(keratin)이라는 단백질이다. 단백질은 아미노산(amino acid)으로 이루어져 있고, 아미노산은 탄소(C, Carbon) 50~60%, 산소(O, Oxygen) 15~30%, 질소(N, Nitrogen) 8~12%, 수소(H, Hydrogen) 4~5%, 그리고 황(S, Sulfur) 2~4%로 구성되어 있다. 모발은 이런 원소로 구성된 약 18여 종의 아미노산이 길게 연결되어 폴리펩타이드(polypeptide) 구조를 이룬다. 시스틴(cystine)은 다른 단백질에는 존재하지 않거나 미량밖에 존재하지 않지만 모발에는 다량으로 함유되어 있는 사실로 보아, 이것이 케라틴의 물리적, 화학적 성질을 특징짓는 것이라 말할 수 있겠다.

5. 모발의 특성

1) 물리적 성질

(1) 질감(texture)

모발의 질감은 모발 직경과 관계가 있으며, 각 개인마다 다르고 영양상태나 건강상태에 따라 달라진다. 모발이 가늘면 가늘수록 염 · 탈색이나 퍼머넌트 웨이브 시술 시 방치 시간이 짧아진다.

(2) 밀도(density)

모발의 밀도는 각 개인이 가지고 있는 모발의 수에 의해 결정되며, 모발의 색상에 따라 다르다. 대개 10만개의 모발을 지니고 있으며, 금발은 약 15만개, 갈색 모발은 약 11만개, 흑색 모발은 약 10만개, 붉은 모발은 약 9만개 정도이다. 정상인의 하루 탈모량은 50~80가닥 정도이며 나이가 들면 거의 200가닥 정도까지 빠지나, 이것은 노화에 의한 자연적인 현상이다.

(3) 강도(intensity)

모발의 강도는 섬유세포, 간충물질, 모표피의 두께 차이에 따라 결정되며, 모발을 잡아당겼을 때 끊어지지 않고 견디는 힘을 말한다. 보통 모발의 강도는 150g 정도이다. 건강한 모발일수록 강도도 강해지나, 손상된 모발이나 염 · 탈색 등을 한 모발의 강도는 저하된다.

(4) 고착력

모발의 고착력은 한 올의 모발을 뽑는 데 드는 힘을 말한다. 모발은 내 · 외모근초, 모구가 모공벽과 밀착되어 있어서 쉽게 빠지지 않지만, 성장기 상태의 한 올의 모발을 뽑는 데 드는 힘은 약 50~80g이 필요하다. 따라서 만약 전체 모발의 수가 10만개라면 모발 전체를 동시에 뽑는 데 5톤(10만×50g=5톤)의 힘이 필요하게 된다.

(5) 다공성(porosity)

모발의 다공성이란 염색이나 탈색, 퍼머넌트 웨이브 등의 화학처리로 인해 모발 속을 채우고 있는 단백질이 소실되어 모발 조직 중에 빈 공간이 많아지는 것으로, 수분의 흡수도 빨라지고 반대로 건조도 빨라진다. 또한 모표피의 상태에 따라 다공성의 정도를 결정짓기도 하는데, 건강한 모발일 경우 모표피가 규칙적으로 겹쳐져 있기 때문에 염 · 탈색제나 퍼머넌트 웨이브제를 과다하게 흡수하지 않는다. 반면에 손상모의 경우 모표피가 열려 있어 염 · 탈색제나 퍼머넌트 웨이브제를 과다하게 흡수하여 방치시간이 단축되나, 과다한 화학제의 흡수로 인하여 모발은 심하게 손상된다.

(6) 습윤성(moisture)

모발은 공기 중의 습도가 높으면 수분을 흡수하고, 건조하면 수분을 빼앗기는 성질을 갖고 있는데, 이를 모발의 습윤성(흡습성, 흡수성)이라 하며 모발 손상이 심해질수록 흡수성도 증가한다.

모발의 수분함유량은 10~15%일 때 가장 이상적이며, 30~35%일 때 포화상태가 되고, 손상모일 경우는 10% 이하로 떨어진다. 모발이 건조하면 매끄러움, 부드러움, 광택 등이 없어 꺼칠꺼칠하게 되므로, 수분과 유분이 함유되어 있는 헤어크림(hair cream), 헤어 트리트먼트(hair treatment)나 헤어린스(hair rinse) 등을 사용하여 모발의 수분함유량을 유지시켜주는 것이 필요하다.

(7) 팽윤성(swelling)

팽윤이란 어떤 물체가 액체를 흡수하여 체적을 증가시키는 현상을 말한다. 이때 액체로는 산 · 알카리 · 염류 등의 용액, 유기용제, 물 등이 있다.

모발을 물에 담가두면 길이 1~2%, 직경 12~15%, 무게 30~40% 정도 증가한다.

(8) 열변성 및 광변성

단백질을 주성분으로 하는 모발이 높은 열(열변성)이나 빛(광변성)에 의해 색과 구조가 변화되는 현상을 말한다. 모발의 열변성은 수분의 유무에 따라서 다른데, 건조한 상태보다는 습도가 높은 상태에서 변성이 쉽게 일어나며, 광변성은 빛의 종류 중 적외선 특히 자외선의 영향을 크게 받는다.

2) 화학적 성질 : 모발과 pH(the Power of HydrogenIons : 수소이온농도지수)

모발 단백질은 산에는 대체로 강하나 알칼리에는 약한 성질을 가지고 있다. 전기적으로 가장 안정된 상태인 pH 4.5~5.5를 등전점(isoelectric point)이라고 하며, 모발은 등전점에서 멀어지면 멀어질수록 아미노산의 결합이 약해져 여러 가지 화학약품에 의한 영향을 쉽게 받게 된다.

① 모발과 산성

산성은 pH 7 이하를 말한다. 모발은 약산성에서 큐티클이 수축되어 눕게 되고 윤기와 광택이 더해지지만 강산성에는 분해되는 성질이 있다.

② 모발과 알칼리성

알칼리성은 pH 7 이상을 말한다. 모발의 큐티클은 알칼리 용액에 의해 열리고 팽윤되므로 퍼머넌트 웨이브 및 염색 시술을 용이하도록 돕는다. pH가 높아질수록 모발은 자극을 심하게 받게 되어 모발의 손상이 커지게 되므로 모발에 맞는 적절한 약액과 시술시간 조정에 주의하여야 한다. 모발 미용시술 후에는 약산성 컨디셔너를 사용하여 모발 본래의 등전점(pH 4.5~5.5)을 유지할 수 있도록 하는 관리가 필수적이다.

6. 모발 손상 요인

1) 물리적 원인

고무줄과 머리핀 등에 의한 잡아당김, 금속성 저품질 미용기구의 사용, 베개와 빗질 등으로 인한 마찰, 모발에 볼륨을 주기 위해 시술되는 백코밍(backcombing) 등의 경우에도 모발에 많은 손상을 입히며, 아이론과 헤어드라이어의 온도 가열도 모발 손상의 요인이 된다.

2) 화학적 원인

과다 농축된 과산화수소나 알칼리제의 사용, 저품질 미용제품의 사용, 방치시간의 초과(over processing), 잘못 시술된 퍼머넌트 웨이브와 모발 염 · 탈색, 잦은 샴푸 등은 모표피를 손상시키고, 계속되는 화학제품에 의한 미용 시술은 모발 내부의 피질세포까지 손상을 주어 결국은 갈라지고 잘라져 나가게 되며 심하면 탈모증세에 이르게 된다.

3) 자연적 원인

바람, 자외선, 바닷물, 환경오염 등도 모발에 많은 손상을 준다. 여름철 바캉스를 다녀온 후 모발이 탈색되고 거칠어진 것을 느끼게 되는데, 이는 바닷물과 강렬한 자외선에 의해 모발이 손상된 것이다. 자외선을 차단하는 모발 보호크림을 바르고 강한 햇볕에 모발이 직접 노출되지 않도록 하여야 한다.

4) 생리적 원인

주로 인체 내부에서 오는 요인으로 다이어트 등에 의한 영양 불균형, 감염 후 질병의 후유증, 비타민 결핍증, 약물 중독, 경구피임약, 스트레스, 신경 과민, 극도의 피로, 출산 전후의 호르몬 불균형, 위생적이지 못한 모발 관리로 인한 박테리아 · 기생균류 · 미생물에 의한 오염 등으로 모발은 손상될 수 있다.

chapter

3. Hair Cut 기초 이론

Hair cutting은 hair style을 만들기 위한 기초 조형기술이다. Permanent wave와 hair setting에 따라서 완성되는 hair style은 모두 cut 기술에 의해서 미리 형성된 것이다. Hair cut을 'hair shaping' 이라고도 말하는데, 이것은 '머리 형태를 만들다' 라는 의미이다.

Hair cut은 모발의 길이를 맞추어 자르거나(cutting), 숱을 감소시키거나(thinning), 밀도(density), volume, 방향(direction) 등의 요소를 통해 머릿결의 움직임(movement), 무게감(weight), 질감(texture) 등을 표현함으로써 hair style을 완성시키기 위한 기초를 만드는 것이다.

1. Hair Cut 역사

1) 1920년대 : hair cut의 시작

제1차 세계대전이라는 시대적 배경 속에서 상하 계층을 막론하고 많은 여성들이 남성을 대신해서 군수품 공장과 여러 분야에서 일을 하지 않으면 안 되었다. 따라서 단지 성적 매력의 표현과 권위의 표시로 장식하는, 틀어올리거나 묶는 긴 hair style에서 단순하고 손질하기 쉬운 short로 cutting하기 시작한 데서 근대적인 hair cut이 시작되었다. 단발머리(bob style)의 유행은 그 당시까지 긴 모발을 높이 올리고 있던 여성들에게는 참으로 혁명적인 사건으로 상당한 용기가 필요했다. 그럼에도 불구하고 단발머리가 유행한 것은 여성의 사회진출로 인하여 활동하기 쉬운 hair style을 원했기 때문이며, permanent wave의 보급도 단발머리의 유행을 가속화시켰다.

Shingle bob도 출현해서 남자처럼 치깎은 밑부분에 여성다운 아름다움을 표현함으로써 짧은 머리에 변화를 주었다. 1960년 이전까지의 hair cut은 roller set perm으로 모근을 세워서 back combing하여 spray나 lacquer 등을 사용하여 volume감을 만들기 위한 cut이었다.

2) 1960년대 : 현대적 hair cut의 시작

1960년대에 생활 양식이 복잡해지고 여성들의 활동 영역이 다양해짐에 따라 mini skirt와 함께 자연스러우면서도 간결한 머리형이 여성들 사이에서 받아들여졌다. 지금까지의 iron과 set에 의한 단단한 wave 구성에서 blow dryer 기구와 자연스러운 hair cut에 의해 유연하고 가벼운 wave style이 나왔다.

이러한 자연스러운 hair style은 Vidal Sassoon 미용사가 창작한 기하학적(geometric) hair cut으로서 전세계적으로 유행하였다. 당시의 조형적인 아름다움을 강조한 setting과 back-combing을 중심으로 한 양감 있는 style에서 각도에 의한 기하학적인 cut은 모발의 자연스러운 흐름을 살린 새로운 경지의 cut이었다.

Vidal Sassoon은 mini scissors, hand dryer, denman brush라는 아주 조그마한 도구와 손가락만으로 미용 혁명을 일으켰다. 60년대 이전의 hair spray와 roller brush에 의해 고정시키는 hair style로부터 여성을 해방시켰으며, razor를 사용하는 cut으로부터 scissors를 이용한 blunt cut로 변화시켜 부드럽게 움직이는 모발을 창작해 내었다. Vidal Sassoon에 의한 hair cut의 변화는 60년대 여성들의 의식까지도 해방시켰다.

2. Hair Cut 분류

1) One-length form : —자형, ∨자형, ∧자형

모든 section을 아래로 자연스럽게 빗어 내린 후 동일선상에서 일직선으로 자른 단발머리 style이다. 단차가 없기 때문에 비활동적인(정적, unactivated) hair texture를 형성한다. 모발의 내측과 외측이 같은 영역(zone)에서 떨어지기 때문에 최대의 무게감(weight)은 out line 형태선에 생긴다.

① Parallel style (—자 평행형)

nape line의 머리 끝을 기점으로 cut line이 수평으로 일직선인 style.

② A line style (앞내림형, spaniel)
cut line이 nape보다 앞머리가 길어지는 일직선 style.

③ V line style (앞올림형, isadora)
cut line이 nape보다 앞머리가 짧아지는 일직선 style.

④ Mushroom style (양송이 버섯형)
cut line이 얼굴 정면에서 nape 쪽으로 일직선인 style.
V line style보다 앞머리가 훨씬 짧다.

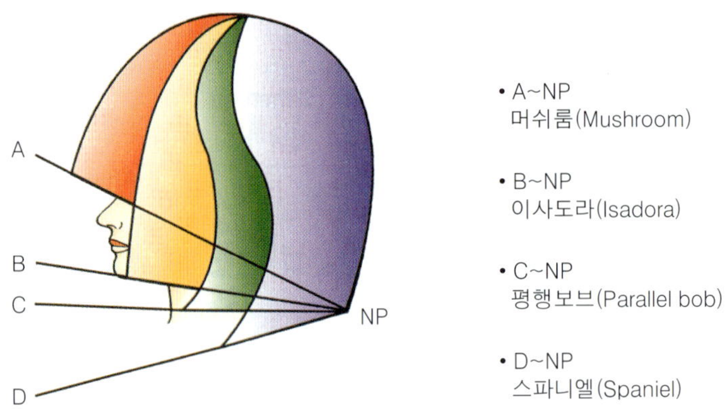

〈그림 3-1〉 원랭스 커트의 대표적인 디자인 라인

2) Graduation form

자연 시술각인 natural fall 상태에서 hair strand는 겹겹이 쌓인 것처럼 미세한 gradation을 이룬다. Graduation style의 모양(shape)은 삼각형(triangular in shape)을 이루며, head로부터 모발을 들어올리면서 제작되는 style이다. 모발을 얼마나 높이 들어올리느냐에 따라 단차가 내부(internal) 또는 외부(external)로 나게 된다. 무게감(weight)은 가장자리 머리 형태선, 즉 비활동적인 질감과 활동적인 질감의 경계 부분에 생긴다. 모발의 길이는 head의 윗부분으로 올라갈수록 (interior) 점차적으로 길어진다.

연결 무게로서는 graduation과 연결되는 수평 혹은 수직의 디자인 라인에 형성되고(cap을 엎어놓은 것과 같은 형태), 비연결 무게는 graduation과 연결되었을 때 극도의 대조감을 이룬다. 윗머리보다 밑머리(back point아래, exterior)가 짧은 모양이 되도록 두발의 길이에 단차를 주는 cut이다. 보통 두발을 두피로부터 15~45° 들어서 자르면 입체적인 hair style 연출에 효과적이다. Elevation되는 각도에 따라 low, medium, high graduation으로 나눌 수 있다.

3) Layer form

윗머리보다 밑머리가 긴 모양이 되도록 모발의 길이에 많은 단차를 주어 cut한다. 보통 모발을 두피에서 90° 이상 들어올려서 자르며, long이나 short hair style에 두루 응용된다. Hair의 흐름은 head 곡면을 따라 분산되어 무게(weight)에 겹쳐짐이 없으므로 무게감이 제거된다. 소재의 악조건으로부터 제약을 덜 받고 응용 방법이 다양하기 때문에 폭넓은 연령층에 적용된다.

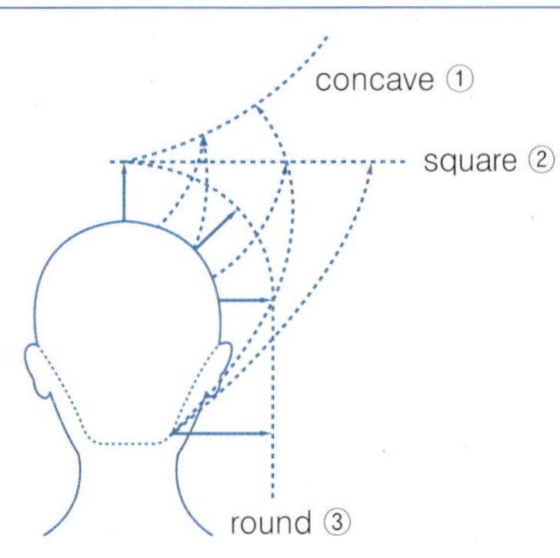

〈그림 3-2〉 Layer Form

① increase-layer (concave line)

내측 모발의 길이가 외측 모발 길이 쪽으로 점진적으로 길어지는 구조로 결과적으로 활동적인(activated) 표면 질감을 만들어낸다.

② square-layer (square line)

increase-layer만큼은 아니지만 역시 활동적인 표면 질감을 만들어낸다.

③ uniform-layer (round line)

Head에 대해 균등한 hair의 길이로 cutting한다. head와 평행하게 cut함으로써 둥근형을 유지한다.

4) Combination form

대부분의 cut style은 2가지 이상의 style이 복합되어 표현된다. 직선 또는 square layer에서 많이 쓰이는 혼합형은 형태의 직선 및 무게의 집중이 남성적인 모양을 만들어낸다. 곡선의 혼합형은 둥근 모양을 띠며 top부분 전체에 걸쳐서 crest 윗부분의 헤어 길이는 down시키지 않고 층을 내어 형의 질감을 나타낸다. 혼합형에는 두상의 모양에 따라 guide line인 crest에서 내측과 외측을 반드시 구분지을 필요가 있다.

형태선(out line)은 hair design의 바깥 경계(out line) 또는 실루엣(silhouette)을 나타낸다. one-length와 layered, one-length와 graduation, graduation과 layered cut의 중간 cut-line이며, 전체의 모발 길이가 같은 연결 방법의 cut으로서 원하는 스타일의 무게감(weight)의 양과 위치는 design 구성과 계획성이 있어야 한다.

head 전체 각각의 길이를 모두 같게 자르거나(두피로부터 90° 들어 자른다), 머리 형태의 사방에서 대칭적으로 길이를 같게 자르거나, 보통 외각에서 서로 수직으로 만나도록 4각으로 자른다.

3. Hair Cut 도구 및 사용법

1) 가위(scissors)

가위는 4 inch부터 7 inch까지 길이가 다양하고 직선형과 R형 등 모양도 다양하다. 길이가 짧을수록 섬세한 cut을 할 수 있고, 길수록 신속하게 할 수 있는 장점을 가지고 있다. 그러나 가위는 자신의 손가락에 맞는 것을 선택하는 것이 중요하다.

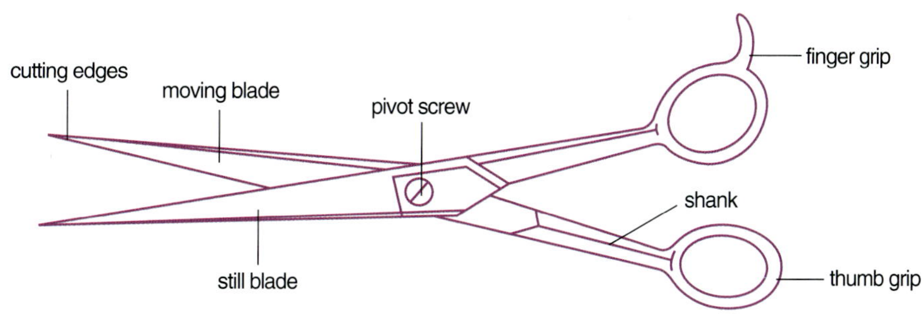

〈그림 3-3〉 가위의 구조

(1) 가위 사용법

① 왼손으로 가위의 선회축(pivot point)이 자신을 바라보도록 잡고, 오른손의 약손가락을 고정날(still blade)에 연결된 약지환(finger grip) 위치에 끼운다.

② 동날(moving blade)에 연결된 엄지환(thumb grip)에 오른손 엄지를 끼우되 너무 많이 끼워 넣지 말고 손톱의 1/3 정도만 걸치는 듯 끼운다.

③ 가위를 사용할 때에는 동날만 움직이고, 나머지 약지와 세 손가락은 가지런히 하여 움직이지 않고 동날의 힘을 바쳐주어야 한다.

④ 커트를 하지 않을 때에는 가위의 날을 닫은 뒤 엄지환에서 엄지를 빼고 가볍게 주먹을 쥐는 동작으로 가위를 쥔다.

⑤ 엄지환에서 엄지를 뺀 상태에서 빗과 가위를 함께 쥐고 모발을 빗는다.

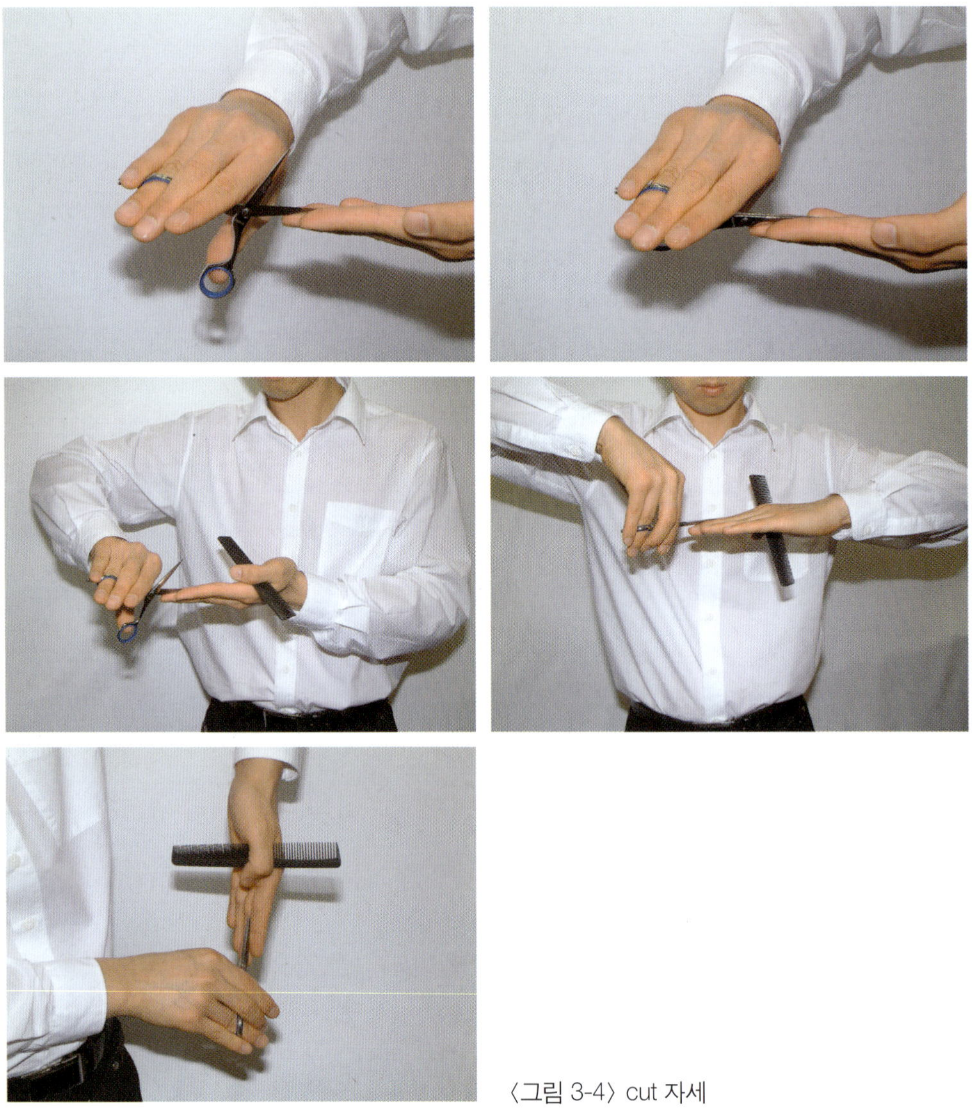

〈그림 3-4〉 cut 자세

2) Thinning 가위

Cut 후 모량이 많은 부위와 무거워 보이는 부분의 모량(숱)을 조절하기 위해 사용하는 가위이다. 한 쪽 또는 양쪽에 요철 모양의 날이 있고, 고운 것(small teeth)부터 얽은 살(large teeth)까지 여러 형태가 있는데, 가위살이 고울수록 숱을 쳐내는 양이 적다.

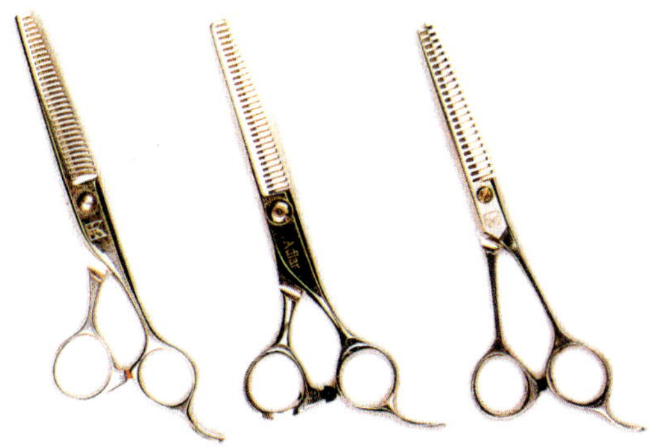

〈그림 3-5〉 thinning 가위 종류

3) Razor

면도날을 끼워서 cut에 사용하는 도구로서 직선적이고, 뭉툭하고(blunt), 딱딱한 기법이 아닌 자연스럽고 부드러운 질감의 선을 표현하는 데 사용한다. 서양인의 모발뿐 아니라 딱딱해 보이기 쉬운 동양인의 모발을 자연스럽게 표현하는 데 있어서 효과적이다. 그러나 모표피(cuticle)를 손상시키는 결과를 가져올 수 있으므로 시술 방법을 바로 알고 사용하여 모발 손상의 원인을 줄이도록 해야 한다.

과거 60년대 이전에는 모량 감소와 길이 정돈을 위한 razor

cut이 주류를 이루었다. 60년대 이후 Sassoon cut이 boom을 일으키면서 일시적으로 거의 사용하지 않은 적도 있었으나, 80년대 중반 이후부터 natural하면서도 질감을 요구하는 style이 등장하면서 다시 없어서는 안 될 도구가 되었다. 즉 가위와 razor를 함께 사용함으로써 좀더 부드러운 느낌과 완벽한 cut 표현을 하고 있다.

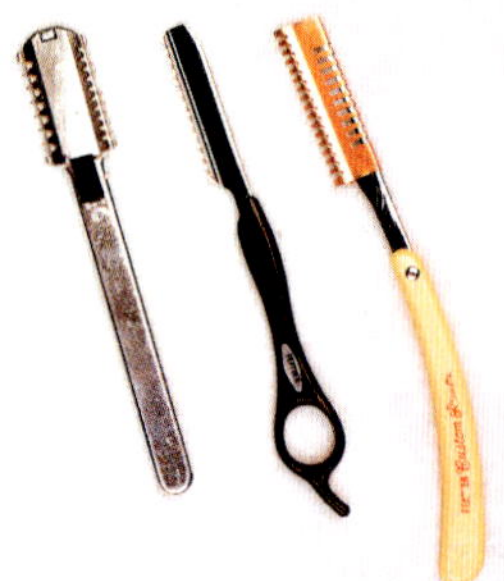

〈그림 3-6〉 razor의 종류

(1) Razor cut 방법 및 특징

① wet cut로서 물기는 전체적으로 균등하게 분무한다. 고르게 분무하지 않았을 때는 모발이 당겨져서 피시술자에게 아픔을 주며 원하는 cut 길이로 조절하기 어렵고 모발에 손상을 줄 수 있다.

② 모발을 tapering함으로써 모발 겹침에 변화를 주어 부드럽고 가벼운 질감을 만든다.

③ 가벼운 움직임을 자유자재로 낼 수 있으며, 힘이 강한 모발을 부드럽게 만든다.

④ design에서 불필요한 모량을 조절할 수 있다.

⑤ 능률적이다.

4) Clipper

남성 cut이나 short hair에 있어서 nape 부분, side 부분을 짧게 cut할 때 사용하는 기구이다. 기계 제작회사의 창립자 이름을 본따 '전기 Barrican' 또는 'treamer' 라고도 부른다.

Clipper는 motor의 원동력에 의해 움직이는 이동날(moving blade)로 모발을 절단하는 도구이다. Clipper는 모발 길이를 설정하는 보조덮개(protector - 3, 6, 9, 12mm 등이 있다)를 부속품으로 가지므로, 이것을 이용하면 쉽고 편하게 cutting할 수 있다.

(1) Clipper 사용법

빗과 가위로 cut하는 shingling cut과 같은 효과를 가져오는 cut로, 가위 대신 clipper라는 cut 기계를 사용하여 cut하는 방법이다. 모발을 nape에서 윗쪽으로 빗질을 해 올리면서 빗살 위로 튀어나온 모발을 잘라낸다. 대개 모발에 짧고 고른 층을 낼 때 사용한다. 목덜미에 사용하는 빗으로는 모발을 가능한 한 짧게 cut하기 위해 가늘고 유연한 것을 사용한다. 오른손으로 clipper를 쥐고 왼손으로 comb을 쥔 다음 comb으로 모속(strand)을 떠올려 각도를 만든 후 clipper를 움직여 cut한다. 모속에 tension의 양이 적으므로 자연스러운 cut의 느낌을 준다.

〈그림 3-7〉 clipper의 종류

5) Comb

Comb은 hair cut 이전에 또는 cut 중간에 hair를 분배하거나 조정하며 모속을 떠올리거나 각도를 만들어 곤두세우기 등의 여러 가지 용도로 사용된다. 다양한 용도만큼이나 다양한 종류의 빗이 있으며, 용도별로 알맞은 빗을 사용해야 그 효과가 크다.

〈그림 3-8〉 빗의 종류

일반적으로 빗살은 고운살(small teeth)과 얼레살(large teeth) 부분으로 반씩 나누어져 있다. 고운살은 strand를 가지런히 하여 정확한 cut을 하기 위한 combing을 할 때 사용되며 tension을 많이 받는 반면, 얼레살은 tension을 적게 받으므로 많은 양의 blocking을 하거나 section을 뜰 때 혹은 wave가 있는 perm style이나 texture technique을 할 때 적절하다. 고운살과 얼레살을 번갈아 사용하기 위해서는 항상 엄지와 검지로 잡고 중지를 빗 밑으로 넣어 돌려서 사용해야 한다.

6) 기타 도구

(1) Clip

Cut을 하기 위해 blocking, section, panel 등을 고정시키는 것으로서 재질은 금속, plastic 등이며 형상은 각양각색이다.

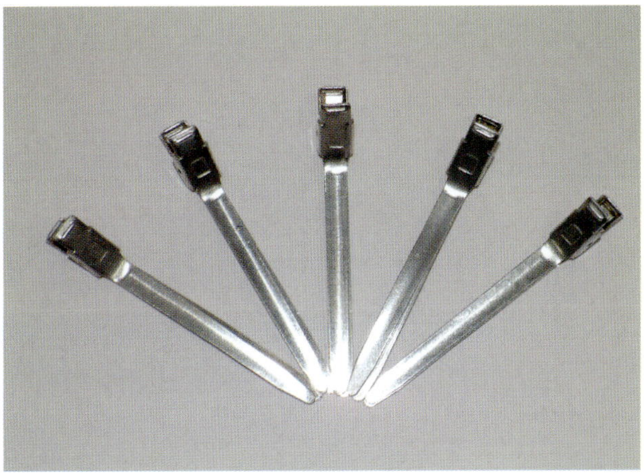

〈그림 3-9〉 clip

(2) Water Sprayer

Wet cut에서 중요한 역할을 하는 것으로 모발을 물로 적셔서 하나의 section을 만들어서 cut하기 좋은 상태로 만들고, 정확한 cut을 연출하도록 하며, cuticle에 손상이 가지 않게 하는 데 필요한 도구이다.

4. 두부 기본 Point 및 기본 Line

1) 두부 기본 Point 15

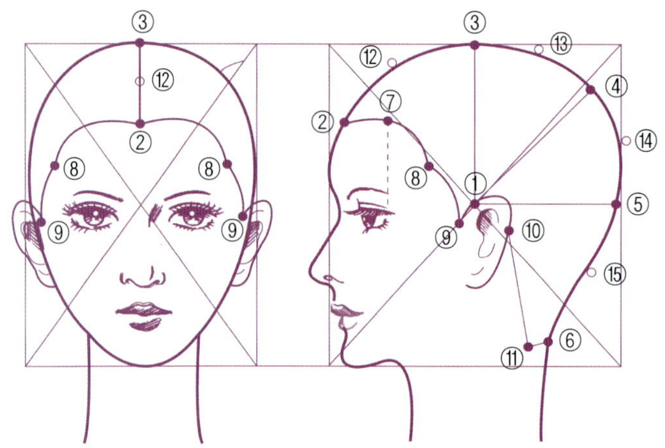

〈그림 3-10〉 두부 point

① E.P (Ear Point)
② C.P (Center Point)
③ T.P (Top Point)
④ G.P (Golden Point)
⑤ B.P (Back Point)
⑥ N.P (Nape Point)
⑦ F.S.P (Front Side Point)
⑧ S.P (Side Point)
⑨ S.C.P (Side Corner Point)
⑩ E.B.P (Ear Back Point)
⑪ N.S.P (Nape Side Point)
⑫ C.T.M.P (Center Top Medium Point)
⑬ T.G.M.P (Top Golden Medium Point)
⑭ G.B.M.P (Golden Back Medium Point)
⑮ B.N.M.P (Back Nape Medium Point)

2) 두부 기본 Line 7

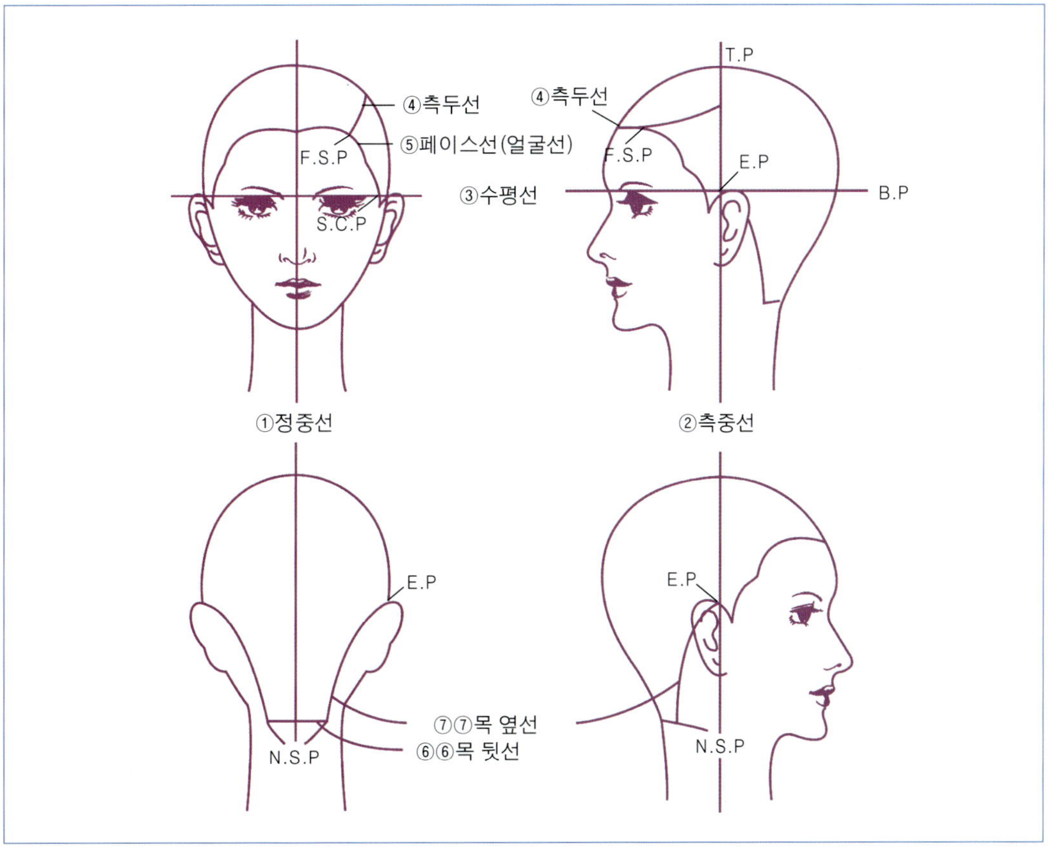

〈그림 3-11〉 두부 기본 line

① 정 중 선 : 코의 중심 대칭점에서 머리 전체를 수직으로 내린 선

② 측 중 선 : T.P와 E.P에서 수직으로 내린 선

③ 수 평 선 : E.P의 높이를 수평으로 두른 선

④ 측 두 선 : 눈끝(F.S.P)을 기점으로 하여 머리 앞쪽에서부터 측중선까지

⑤ 페이스선 : S.C.P에서 C.P를 연결해서 전면부에 생기는 선

⑥ 목 뒷 선 : N.S.P에서 N.S.P를 연결한 선

⑦ 목 옆 선 : E.P에서 N.S.P를 연결한 선

5. Hair Cut 기초 용어

1) Blocking

Blocking은 정확하고 다양한 hair design을 결정하기 위해 중요하다. Blocking 전에 고객의 골격, 모류(모발 흐름), 모질(머릿결), 모량(머리 숱), 모발의 탄력성, perm의 유무 등을 정확하게 파악하여 design 구상에 따라 blocking을 나누는 것이 중요하다.

2) Sectioning

Blocking한 것을 보다 작은 부분으로 나누는 분할을 말한다. ―형, ∨형, ∧형, ∪형, ∩형 등 section의 모양에 따라 cut의 silhouette line이 형성된다.

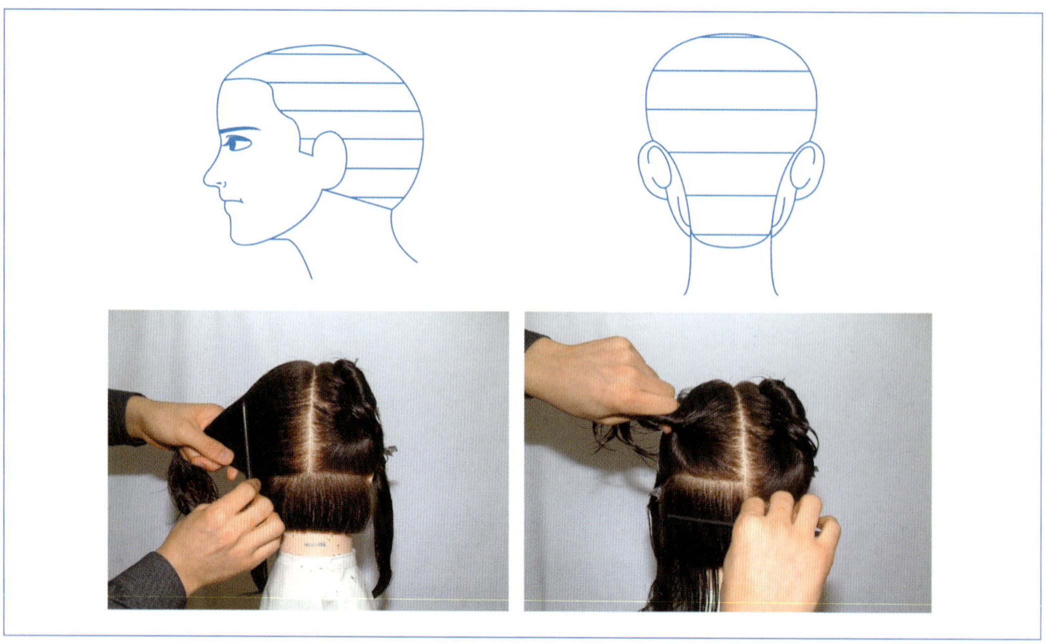

〈그림 3-12〉 Horizontal section 뜨는 법

(1) Horizontal section

두상을 수평으로 가로지르며 평행하게 긋는 section으로 좌우 balance를 맞추는 데 용이하다. (〈그림 3-12〉 참조)

(2) Vertical section

두상을 세로로 가르는 section으로 각도 조절이 용이하고 모발의 부피 조절에 효과적이다. (〈그림 3-13〉 참조)

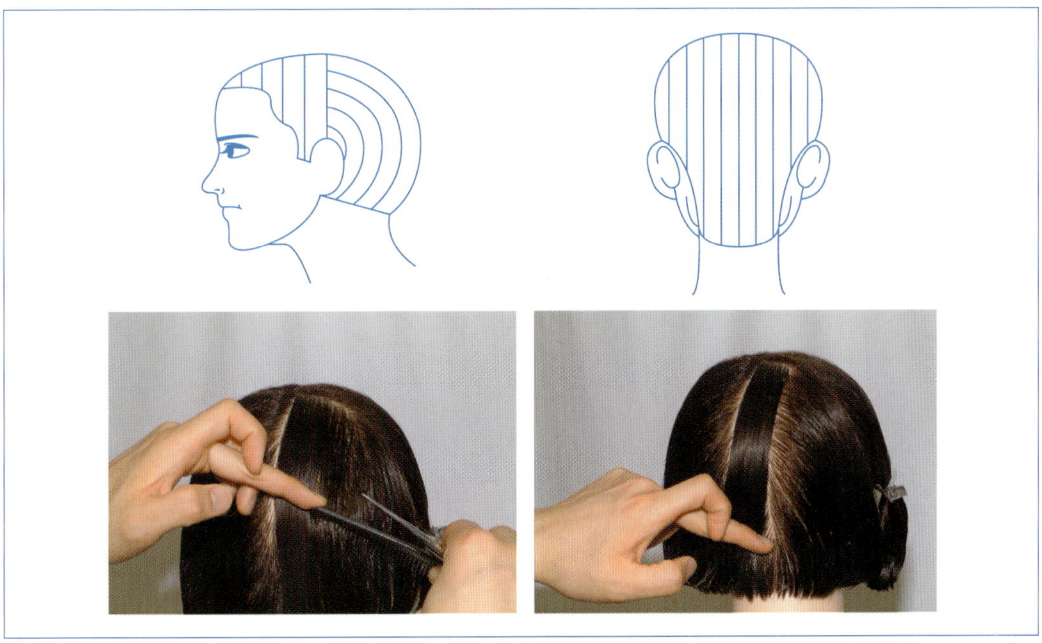

〈그림 3-13〉 Vertical section 뜨는 법

(3) Diagonal section

두상을 대각선으로 가르는 section으로 입체감과 방향성을 표현하는 데 효과적이다.

① 전대각(diagonal forward section)

후두부에서 얼굴 쪽으로 하향하며 긋는 section.

② 후대각(diagonal backward section)

얼굴 쪽에서 후두부 쪽으로 하향하며 긋는 section.

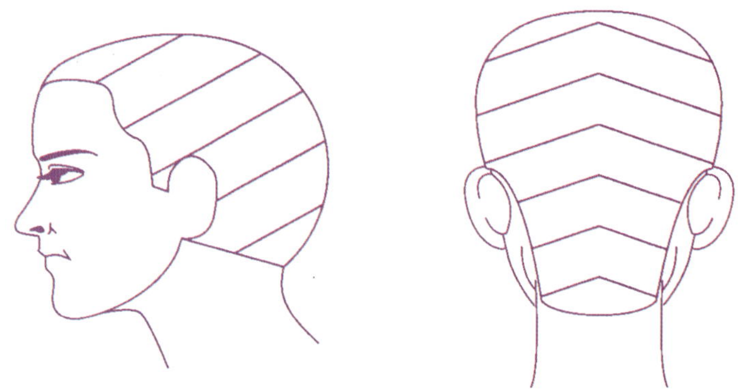

① 전대각(diagonal forward section)

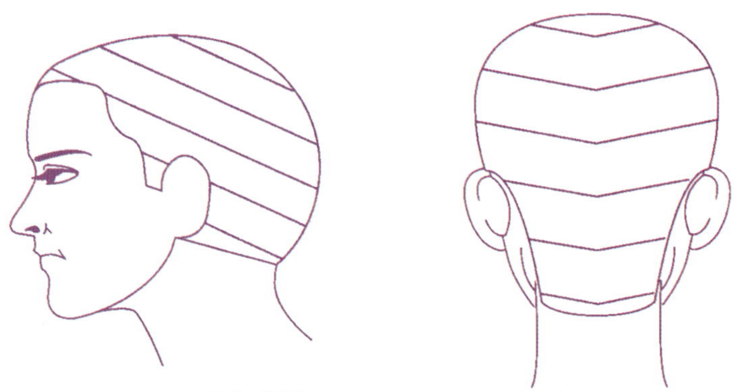

② 후대각(diagonal backward section)

〈그림 3-14〉 Diagonal section

(4) Pivot section

중심점에서 방사형으로 나누는 section으로 두상의 곡면에 적합한 삼각 section이 생긴다. Crown 둘레의 cut을 하는 데 용이하다.

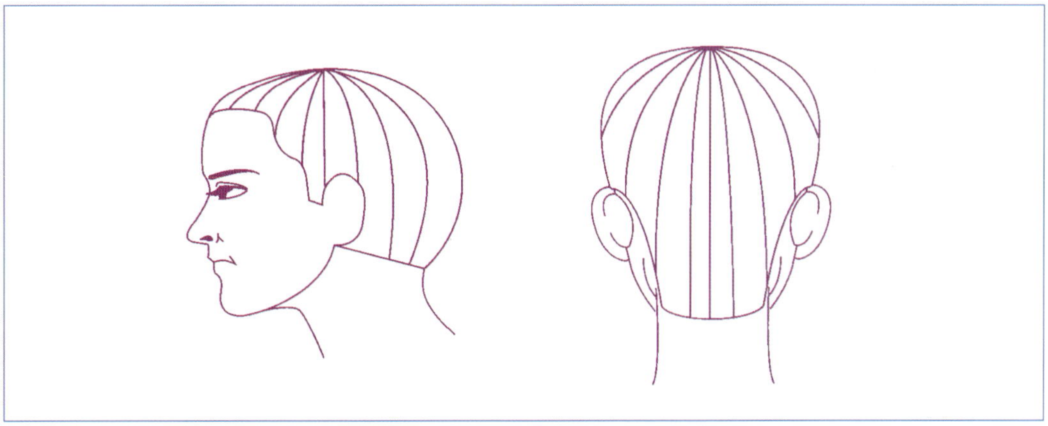

〈그림 3-15〉 Pivot section

3) Slice

모량을 작게 나누는 것을 의미하며 종종 sectioning과 같은 의미로 사용된다.

4) Panel

Cutting시 slice했을 때 생기는 직사각형의 일정한 모량을 말한다.

5) Strand

Panel의 일부분을 적게 나누어 잡은 머리 다발을 말한다.

6) Base

Strand의 기본, 토대, 뿌리를 말한다.

(1) On the Base

Section의 종류에 상관없이 한 section의 폭을 1~1.5cm라고 할 때 그 폭의 중심이 90°가 되는 것이다. 동일한 길이로 cut하려 할 때 사용된다.

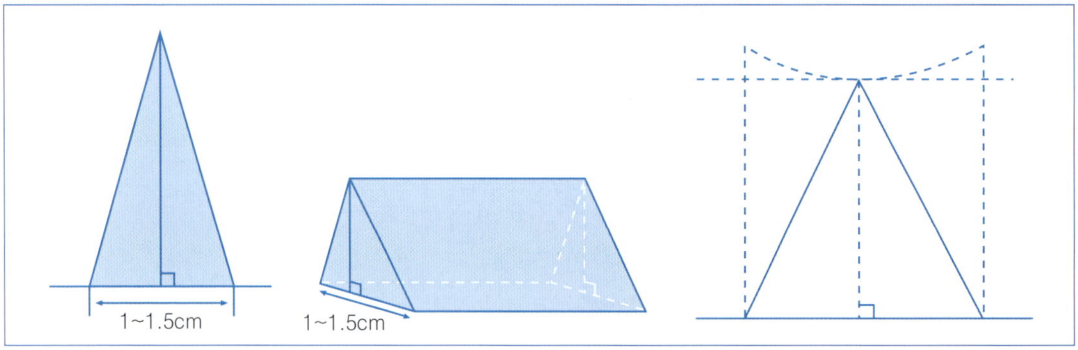

〈그림 3-16〉 on the base

(2) Side Base

한 section의 폭에서 왼쪽, 오른쪽, 위 또는 아래 중 어느 한 점에서 90°의 각을 이루는 base이다. 모발 길이를 점차적으로 길게 또는 짧게 cut할 때 사용된다.

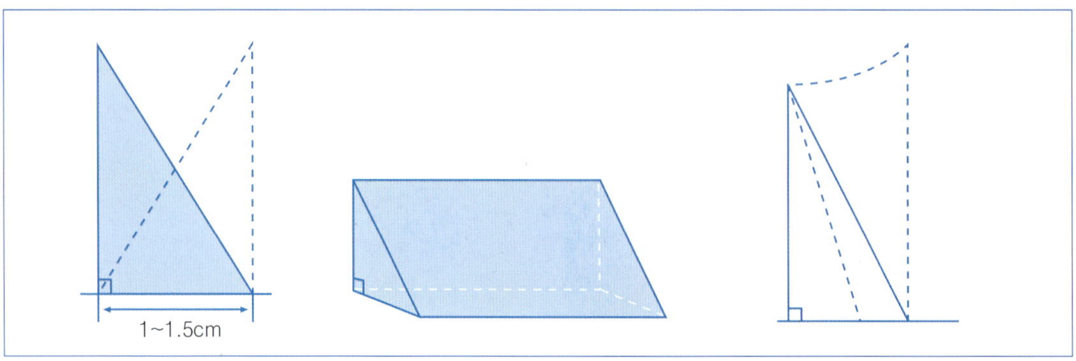

〈그림 3-17〉 side base

(3) Off the Base

한 section의 폭에서 양쪽 끝점 중 어느 한 점에서 90° 이상의 각을 이루는 base이다. 모발의 길이 차이를 많이 냄으로써 급격한 변화를 주고자 하는 cut에서 사용된다.

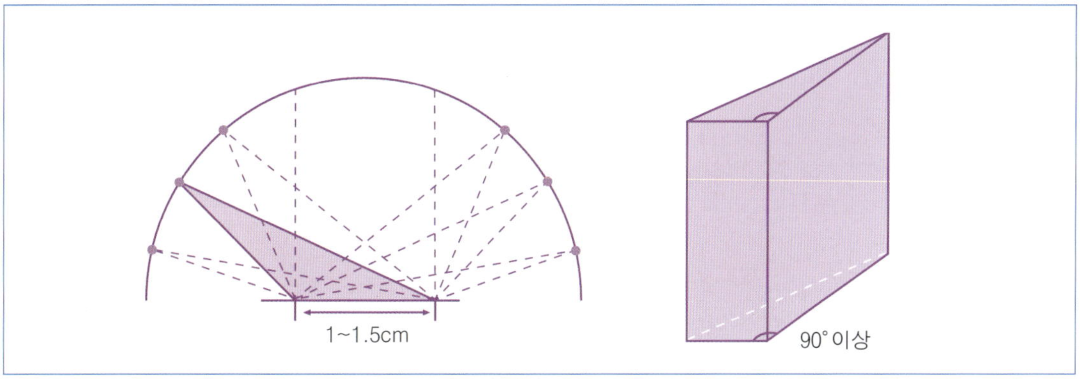

〈그림 3-18〉 off the base

6. Hair Cut Techniques

1) Blunt cut(=club cut)

모발을 뭉툭하게(무디게, blunt) 직선적으로 cutting하는 방법으로, 길이는 짧아지지만 부피(모량)는 그대로 유지된다. 가늘고 부드러운 모발에 본래의 부피와 중량감이 가능한 한 그대로 유지되도록 하기 위해 사용하는 방법이다. 모발 손상이 적고 잘린 부분이 명확하며 모발 끝에 힘이 있다. 또한 입체감을 내기 쉬우며 기하학적인 윤곽을 연출하기 쉽다는 특징이 있다.

2) Tapering(=feathering)

모발 끝이 깃털처럼 점점 가늘어진다는 뜻으로 모발 끝을 향해 가늘게 숱을 쳐 가면서 동시에 길이를 자르는 것을 말한다. Tapering은 숱이 많은 모발의 지나친 부피와 무게를 제거하고 기장을 줄임으로써 자연스러운 curl과 wave의 움직임을 연출하는 기술이다.

(1) Tapering되는 양에 따른 분류

① end taper

strand의 모발 끝으로부터 1/3 이내만 taper하는 기법으로, 모발의 양이 적거나 style의 선을 부드럽게 보이기 원할 때 사용된다.

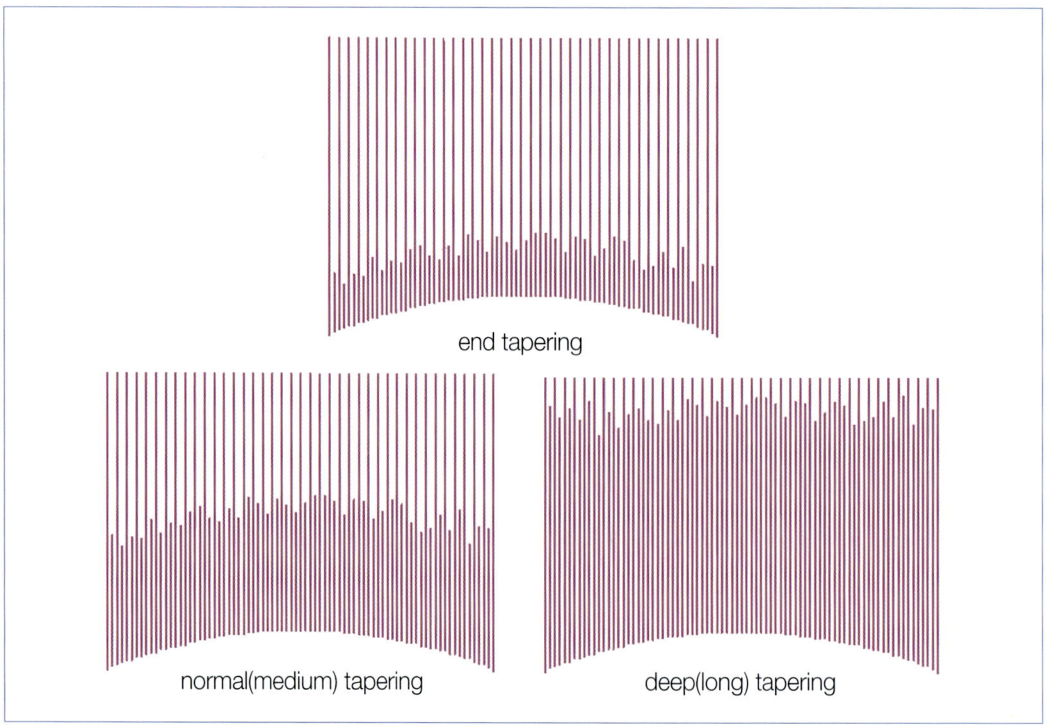

〈그림 3-19〉 tapering의 종류

② normal taper

모발의 양이 보통인 경우 strand의 1/2부분에서부터 폭넓게 taper하는 기법이다.

③ deep taper

지나치게 많은 모량을 적어 보이게 할 때 사용되는 기법으로, strand의 2/3지점에서부터 taper를 시작하여 많은 양의 모발을 제거함으로써 무겁고 고정된 image의 모발에 가벼움과 움직임을 부여한다.

(2) Blunt cut과 Tapering cut의 차이점

모발 끝 비교에 있어서 blunt cut은 직선으로 뭉툭하게 (blunt) cut되어 모발 끝에 힘이 있는 반면, tapering cut은 비스듬히 cut되어 자연스럽지만 모발 손상을 일으킬 수 있다.

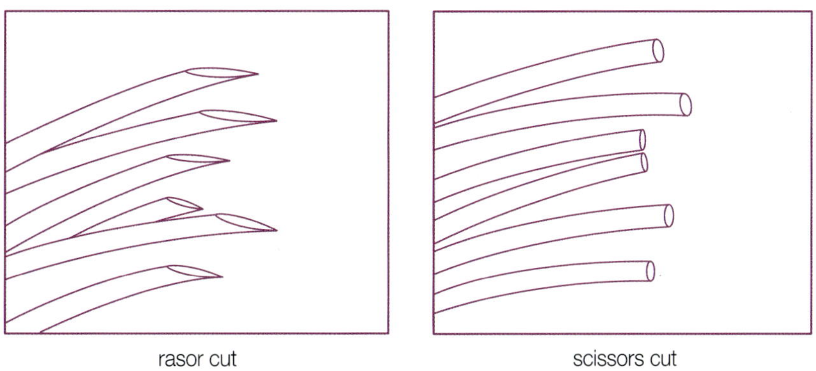

〈그림 3-20〉 rasor와 scissors의 cut 단면 비교

3) Thinning

모발 길이는 유지하고 부피(모량)를 줄여 얇게 만드는 것을 말하는데, razor 또는 cut 가위를 사용하는 경우도 있지만 전용 thinning 가위를 사용하는 경우가 많다. 마른 모발에서는 thinning 가위를, 젖은 모발에서는 razor를 사용한다. 특히 쭈뼛 뻗을 수 있는 모발 부분(front hem line, side의 hem line, 가르마선, crown 부근)에서는 숱을 쳐내지 않도록 주의한다.

※ slithering : 가위를 사용해서 모발을 thinning하는 것.

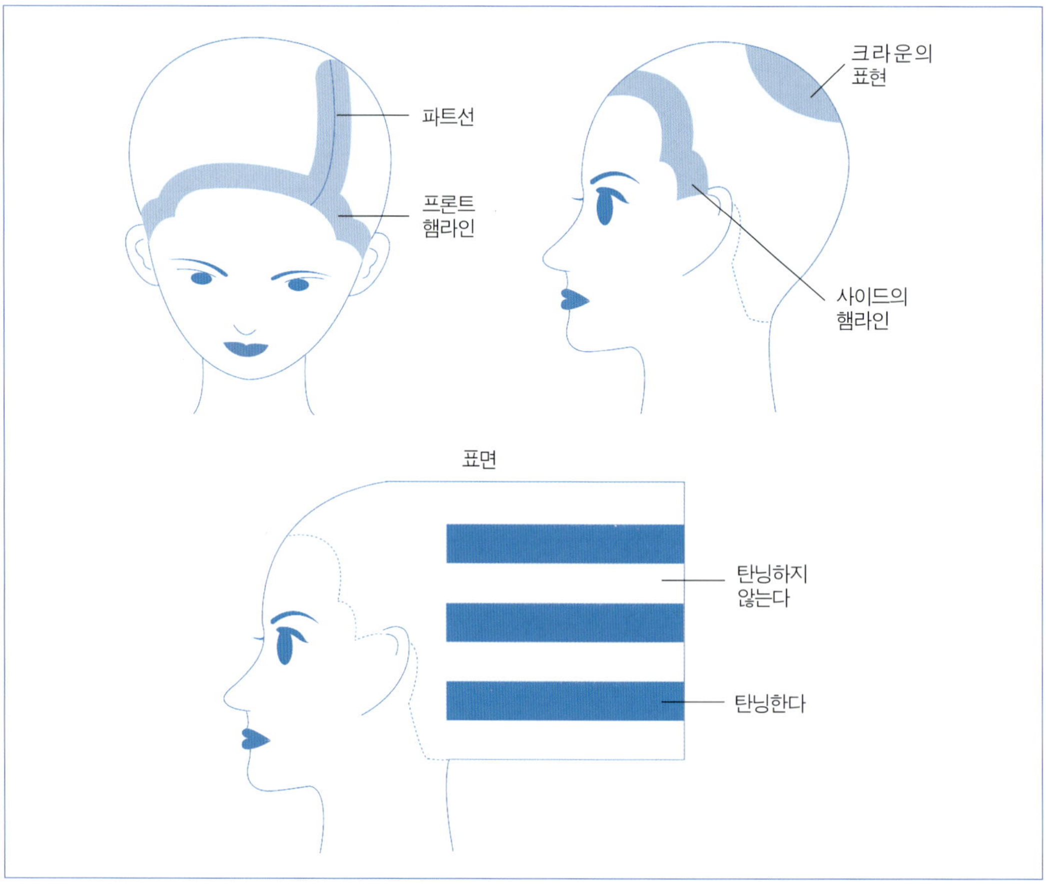

〈그림 3-21〉 탄닝해서는 안 되는 부분

4) Stroke cut

가위를 사용하여 마른 모발에 tapering하는 것을 stroke이라고 하는데, stroke 정도에 따라 short, medium, long stroke으로 나뉜다. Strand를 잡고 가위날을 벌린 채로 back combing 또는 slithering하여 모발의 끝부분부터 두피를 향해 가위로 작업한다. Stroke하는 동안은 가위날이 아주 약간만 닫혀져야 하고 그후 두피로부터 멀리 가위를 끌어당기며 다시 열어야 한다. 가위가 완전히 닫혀지면 너무 많은 모발이 잘려지고 가위 자국이 생길 수 있다.

5) Slide cut

C자형의 곡선형 cut technique. Scissors의 날을 1/3정도 벌린 채 모발을 넣어 scissors가 미끄러지면서 원을 그리듯이 cut하는 기법이다.

〈그림 3-22〉 slide cut

6) Notching

Cut 후 모발의 떨어짐에 뭉툭한 느낌이 없는 자연스러운 cut 기법이다. Strand를 잡은 손의 각도가 45° 정도가 되도록 가위를 비스듬히 넣어서 cut하는 방법으로, blunt cut의 딱딱한 느낌을 많이 감소시킬 수 있다.

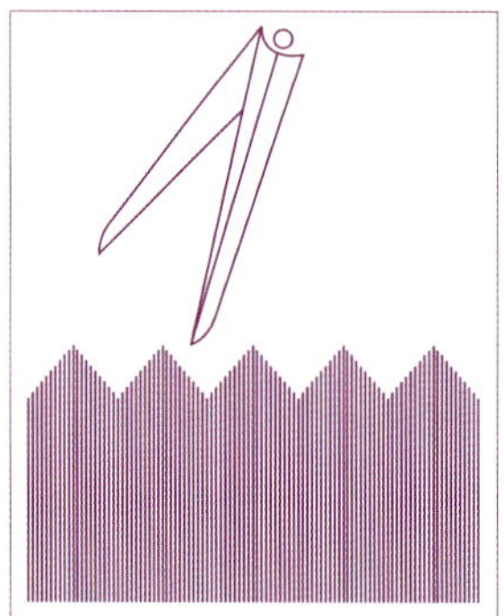

〈그림 3-23〉 notching

7) Pointing

모발 끝쪽에서 strand를 잡은 손가락 쪽으로 scissors를 세로로 notching보다 깊게 넣어 cut하는 기법이다. 모발 끝쪽에 불규칙한 움직임과 가벼움을 표현하고, 잘리는 단면이 zigzag식이며 그 장 · 단의 차가 notching보다 커서 가벼운 질감 표현이 가능하다. Dry가 끝난 후 마무리 기법으로 많이 사용된다.

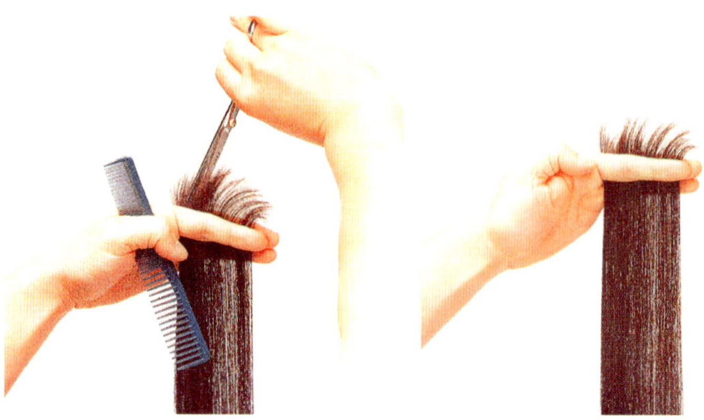

〈그림 3-24〉 pointing

8) Slicing

모발 끝이 흩어지는 느낌을 연출하기 위한 technique으로 strand를 왼손으로 잡고 모발 끝 방향으로 cut하는 기법. 모발 끝 부분에 길고 짧은 단차를 줌으로써 불규칙한 움직임이나 가벼운 image를 연출할 때 사용된다.

〈그림 3-25〉 slicing

9) Twist cut

1㎠ 정도의 모발을 두피에서부터 꼬아서(twist) 모발 끝을 향해 가위로 cutting하는 것이다. 두피 쪽은 여전히 두껍고 끝만 가늘게 되는 pointing 기법에 반해, 두피 쪽은 가늘고 끝은 두껍게 만드는 것이 가능하므로, 두피의 짧은 모발이 긴 머리를 받쳐주어 volume감 형성에 좋다.

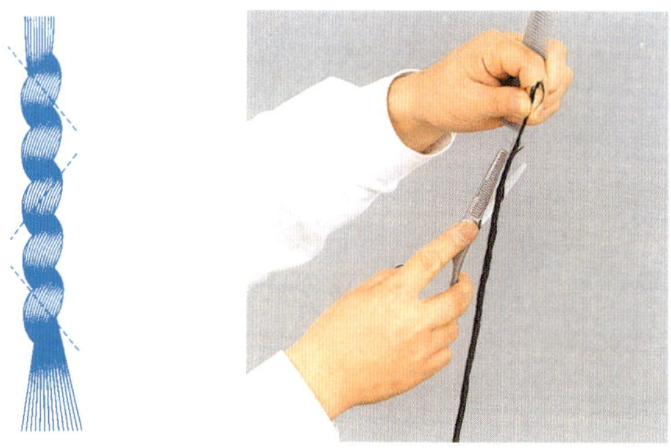

〈그림 3-26〉 twist cut

10) Under cut

모발 다발의 아래쪽 section을 보다 짧게 cut하면 보다 긴 모발의 길이를 지탱해줄 수 있다. 특히 nape 부분과 fringe 부분의 역모는 under cut의 방법을 이용해 짧게 cutting함으로써 역모로 인해 design이 잘못되는 것을 방지할 수 있고, 짧은 모발 위의 짧은 모발이 긴 모발을 덮어 자연스러운 style을 형성할 수 있다.

11) Weave cut

길게 남겨두어야 할 모발을 꼬리빗이나 가위로 떠서 따로 젖혀두고 남아 있는 모발을 cut한다. 그렇게 하면 필요로 하는 효과에 따라 과감하게 될 수도, 아주 미세하고 민감하게 될 수도 있다.

12) Scissors-over-comb

모발을 nape에서 윗쪽으로 빗질을 해 올리면서 빗살 위로 튀어나온 모발을 잘라낸다. 가위는 빗의 길이대로 나란히 두어야만 한다. 빗을 머리 위로 움직이면서 옮길 때 가위날은 재빨리 개폐를 해야만 한다. 만약 가위 움직임이 너무 느리면 층이 생긴다.

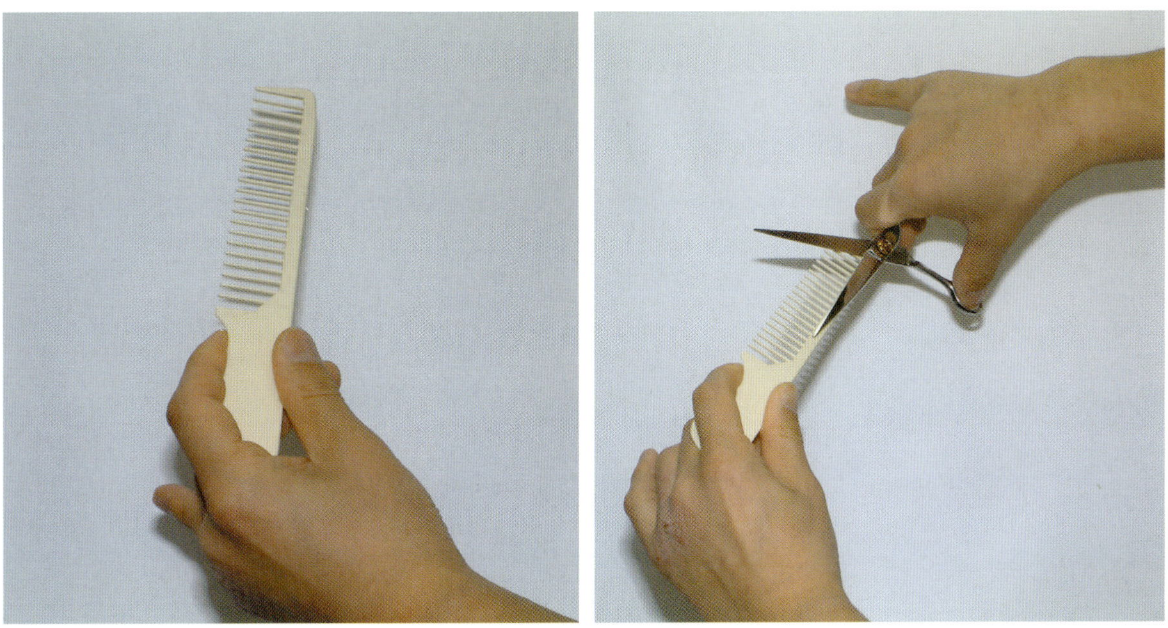

〈그림 3-27〉 scissors-over-comb

7. Hair Cut시 주의사항

① wet hair

cut 시술 전에 반드시 shampoo를 해야 하지만 부득이한 사정으로 sprayer를 사용해야 할 경우는, 모근 부위에 물이 충분히 묻도록 분무한 뒤 cut을 끝낼 때까지 hair에 물기가 젖어 있어야 한다. wet cut은 head에 당김을 주지 않고 정확한 guide line이 형성되도록 하며 hair에도 손상이 적다.

② 고객의 모발 특성을 확인한다. 예를 들어 불규칙한 면을 찾기 위해 머리 모양을 만져 보고, 귀의 돌출 정도, 모발의 굵기, texture의 변화, 그리고 상처나 흉터 등을 확인한다. 특히 가마가 2개 이상인지를 확인한다.

③ natural parting(whorl)을 이용한 cut을 함으로써 hair line에 자연스러움을 유지한다.

④ cut 시의 자세

눈의 위치는 필요에 따라 가위(작업 위치)와 같거나 약간 높게 두고, 발은 어깨 넓이로 벌리며 왼발은 약간 앞으로 내밀어 무릎이 쉽게 굽혀질 수 있도록 하는 등 안정된 자세를 취한다.

⑤ cut 시는 style에 알맞는 cut용 빗 또는 도구나 기구를 사용해야 한다.

⑥ 빗질은 머릿결의 흐름대로 모근에서 모간까지 자연스럽게 끝까지 빗으며, 당겨지지 않게 또는 head 자체가 흔들리지 않게 빗는다.

⑦ section은 직전에 cut한 모발을 볼 수 있을 만큼 가늘어야 한다. 왜냐하면 이전의 section을 guide로 사용하기 때문이다.

⑧ 거울을 활용한다. Hair line 밑에 거울을 놓고 graduation을 check함으로써 잘못된 부분을 볼 수 있고, 양쪽 side의 balance check도 할 수 있다.

⑨ cut이 끝났을 때에는 고객으로부터 조금 떨어져 바라보거나 고객을 일어서 보게 한다. 멀리서 지켜보면 전체 hair cut의 잘못된 부분이나 비율이 맞지 않은 부분을 볼 수 있다.

⑩ blow dry 후 개인의 감성(感性)을 이용해 fringe와 out line을 질감처리 기법으로 다시 cut한다. 이 방법을 사용하면 한층 자연스러워지므로 무거운 hard line을 피할 수 있다.

chapter

4. One-Length Form

1. One-Length Overview

1) Definition

One-length란 모든 hair가 graduation, layer에서 볼 수 있는 단차가 전혀 없고 하나의 line(guide line)에서 만나는 cut style을 말한다. 이 style은 모든 hair가 층이 없이 동일선상에 있으므로 nape의 hair가 짧고 위쪽으로 올라갈수록 점점 길어진다. 따라서 out line에 무게감을 형성하고 강한 느낌을 준다. 특히 모량이 많고 가지런한 straight hair의 one-length line은 한층 더 단정하고 세련된 느낌을 연출할 수 있다. 또한 수평 line, 사선 line, 그리고 곡선 등 다양한 shape을 만들 수 있다.

2) Structure

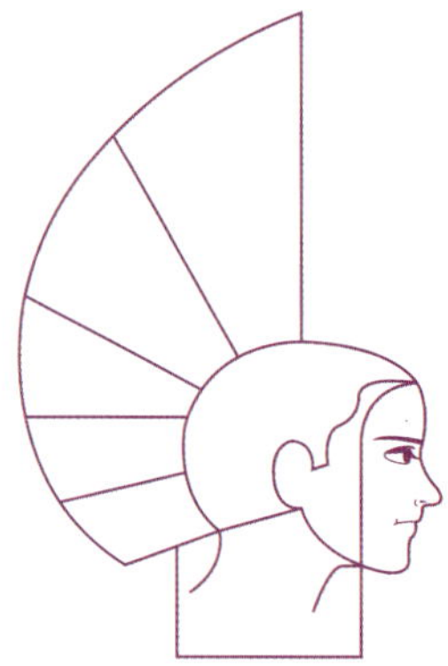

3) Section

기본 section은 horizontal section이며, cut line의 모양에 따라 diagonal forward, diagonal backward section이 사용되기도 한다.

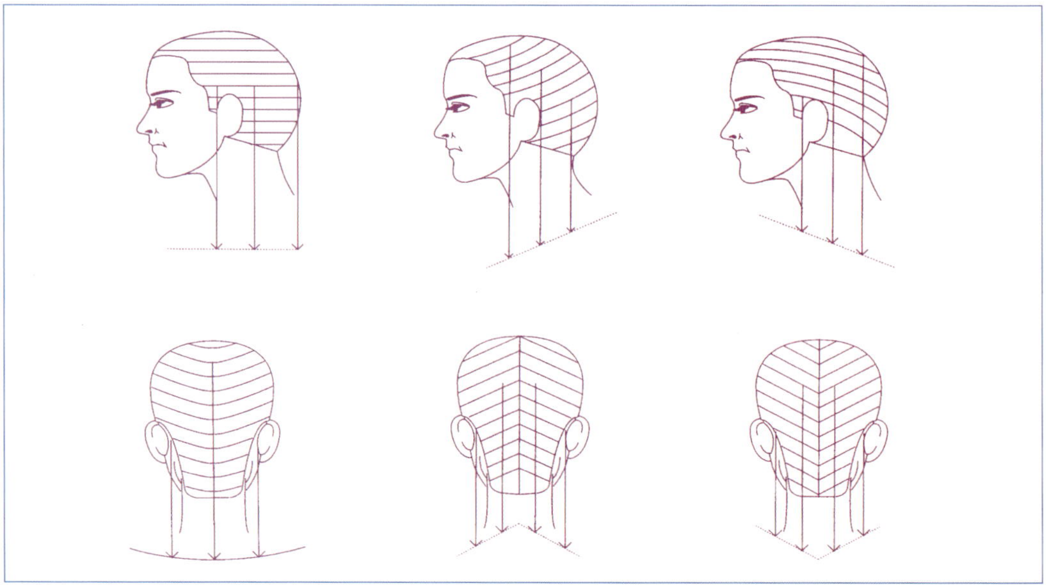

〈그림 4-1〉

4) Angle

Head position을 똑바로 세운 자세에서 0°를 유지하는 것을 기본으로 한다. 0°란 hair를 두상으로부터 밖으로 잡아당기거나 두상 쪽으로 밀어넣는 등의 물리적 자극 없이 자연스럽게 떨어지는 hair의 각도를 의미한다.

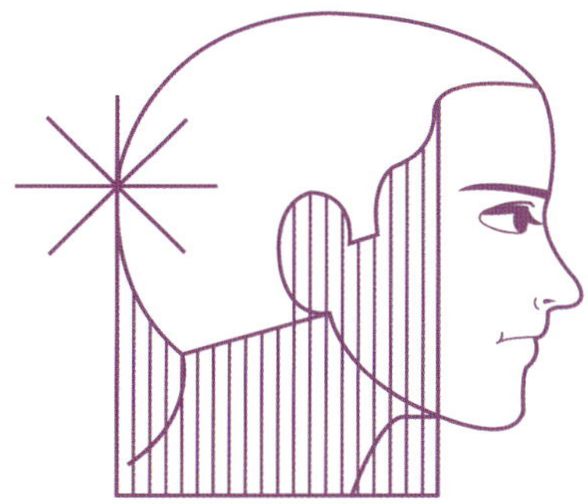

〈그림 4-2〉

단 occipital bone을 기준으로 hair를 두상 쪽으로 밀어넣어 skin cut하게 되면 겉머리가 nape의 안머리보다 약간 길어져 속마름 효과를 기대할 수 있다.

〈그림 4-3〉

5) Cut 시 주의사항

① Stylist의 몸의 위치(자세)를 정한다.

② Hair가 자연스럽게 떨어지는 위치를 알기 위해 빗질을 충분히 한 후에 cut한다.

③ 수평 bob 연출을 위해 hair는 각도 없이 0°cut한다. Gradation을 최소화하기 위해 피부 위에서 skin cut한다. Stylist의 시선도 hair line과 동일선상에 있어야 한다.

④ 빗, 손가락, 가위의 위치는 section과 평행하게 유지하여 cut한다.

⑤ Jump hair 부분은 tension 없이 cut하여 hair가 건조된 후 jump되는 것을 방지한다.

⑥ Cut할 때와 동일한 horizontal section을 이용하여 blow dry하며, dryer를 직접 hair에 닿게 하거나 over dry되어 모발이 손상되지 않도록 주의한다.

2. Straight Bob

1) Structure & Section

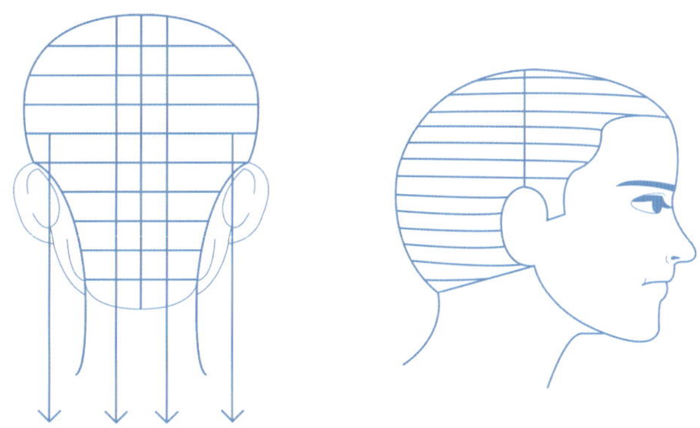

Blocking은 4등분을 하고, section은 horizontal line이 되게 한다.

2) Procedure

① Hair를 충분히 적신 후 center part와 ear to ear part를 이용하여 4등분 blocking한다.

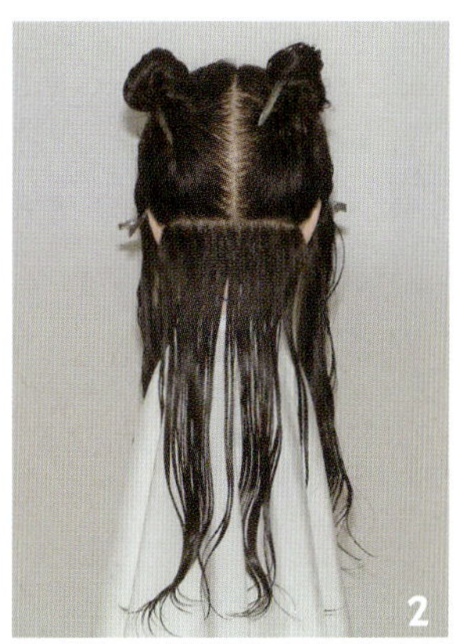

② Horizontal section을 이용하여 수평 cut한다. 모발을 중력에 의해 떨어지는 방향으로 가지런히 빗은 후, hair를 잡은 손가락이 움직이지 않도록 주의해서 cut한다.

③ 같은 방법으로 horizontal section을 이용하여 cut한다. cut 시 section과 빗, 손가락, 가위를 모두 평행하게 하여 정확한 수평 bob line을 만들 수 있도록 한다.

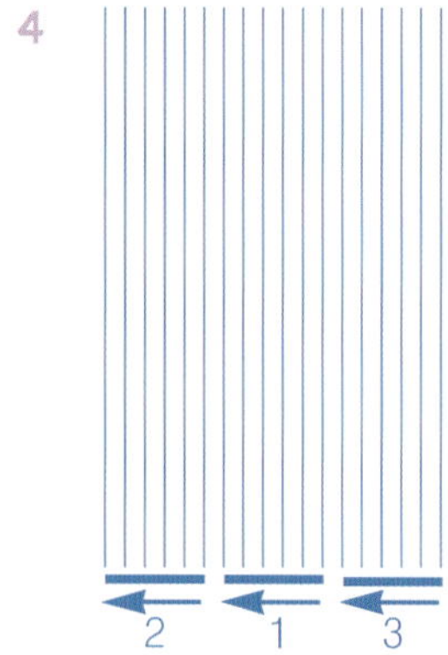

5

6

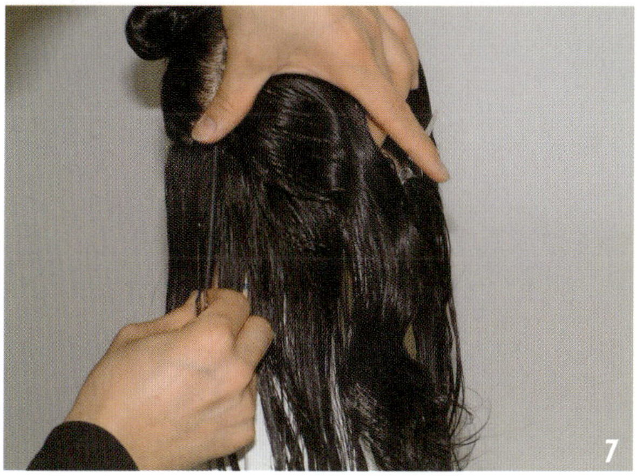

7

8

④ 계속해서 같은 방법으로 horizontal section을 이용하여 guide line에 맞추어 cut한다. Top 부분에서는 방사선 빗질을 하되 얼레살을 사용하여 tension을 없애도록 한다.

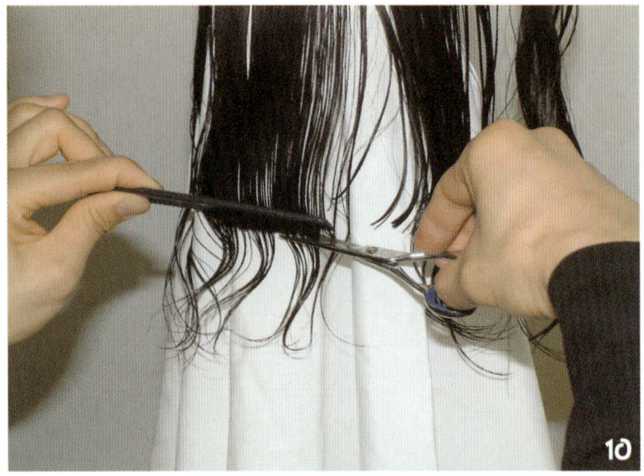

⑤ Side 부분의 새로운 guide line이 동일선상의 back에서 만들어진 cut line과 연결될 수 있도록 cut한다. 특히 귀 윗머리의 hair는 튀어나온 귀 위에 얹혀지는 hair이므로 tension 없이 cut하여 graduation을 방지한다.

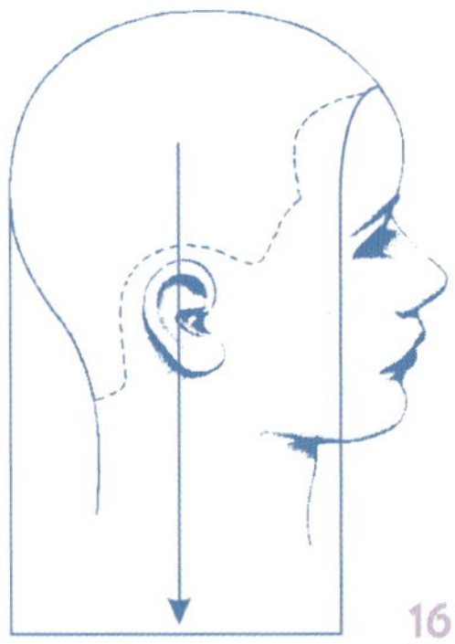

16

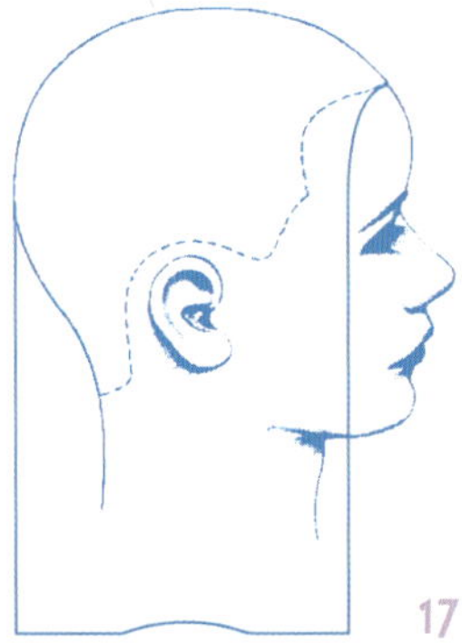

17

18

19

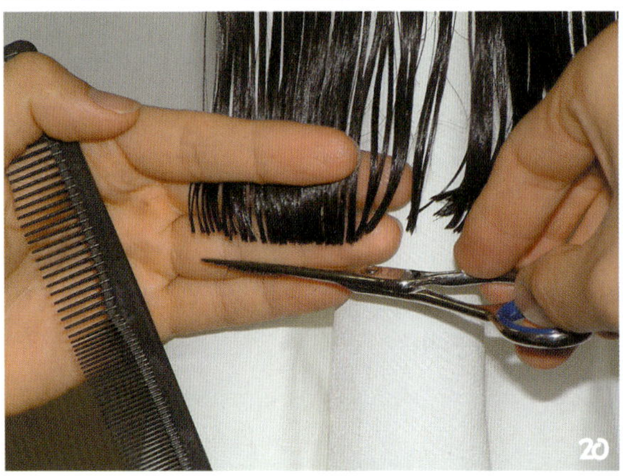

20

21

⑥ 계속해서 같은 방법으로 guide line에 맞추어 cut한다.

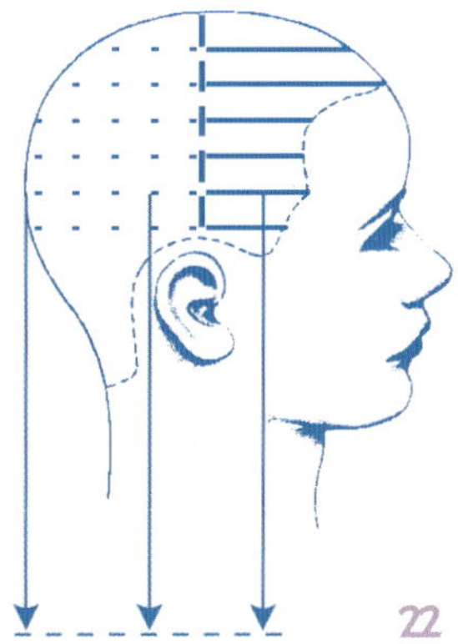

22

⑦ 앞쪽 머리는 그림과 같이 face line을 따라 자연스럽게 옆으로 빗어 guide line에 맞추어 cut한다. 얼굴 앞쪽으로 빗어 cut하면 수평 line이 짧아진다.

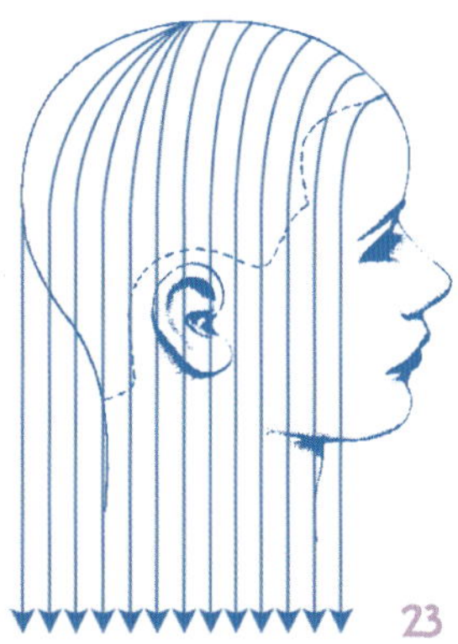

23

⑧ 같은 방법으로 다른 쪽 side를 cut한다. 첫 guide line을 자른 후 반대쪽 side의 S.C.P 모발을 잡아 양쪽 balance를 check한다.

⑨ 앞머리를 앞으로 빗어 삼각형으로 튀어나온 모발을 깔끔한 삼각형이 되도록 다듬어 완성한다.

⑩ 완성 모습

25

26

27

3. A–Line (Spaniel)

1) Structure & Section

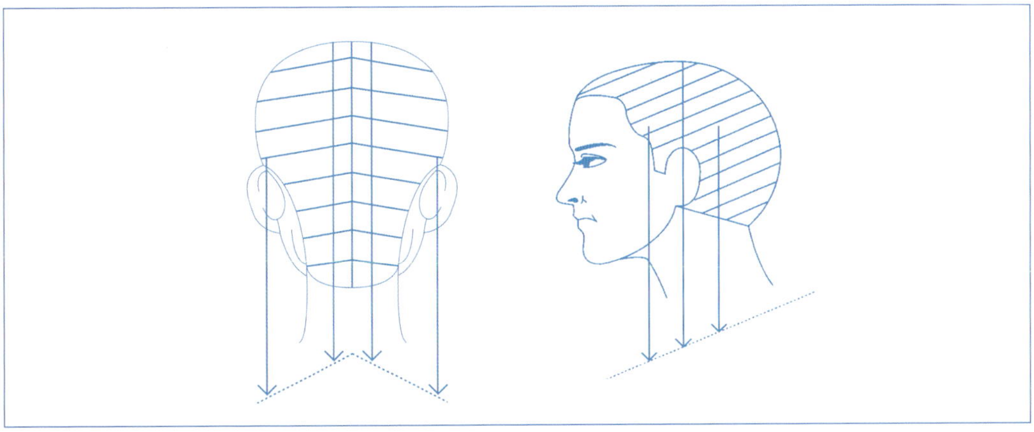

앞뒤의 사선상의 단차는 고객의 개성에 따라 정할 수 있으며, 일반적으로 2~2.5cm로 한다. 단 blocking은 4등분으로 하고, section은 diagonal forward line이 되게 한다.

2) Procedure

① Blocking : T.P~N.P, T.P~E.B.P (4등분)

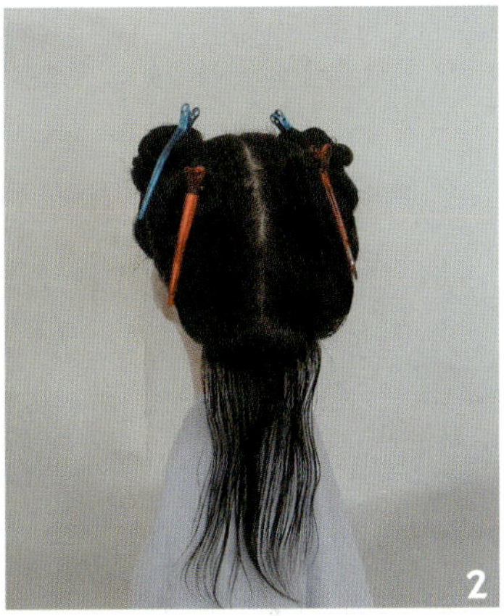

② Back center의 첫 section을 약 30° 앞내림의 A-line으로 combing한 후 N.P에서 대략 8~9cm의 길이를 check한다. 길이가 확인되면 정중앙 부분부터 0°로 약 1cm 정도의 guide를 정한다.

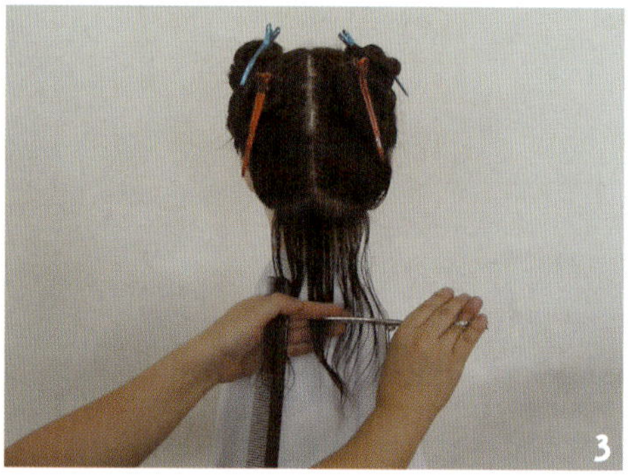
3

③ 좌우를 section과 평행한 A-line으로 cut한 후 양쪽의 balance를 check한다.

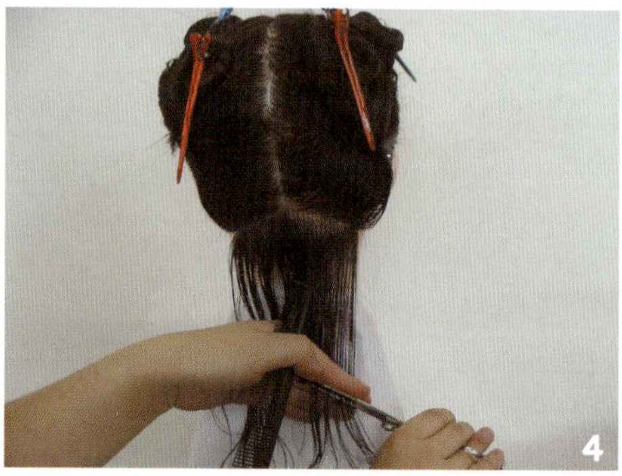
4

5

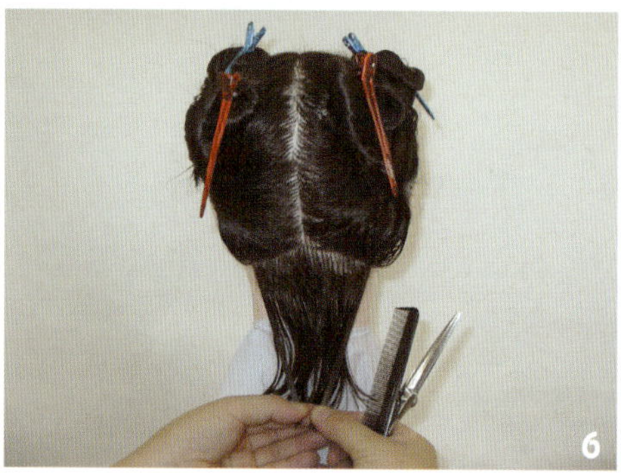
6

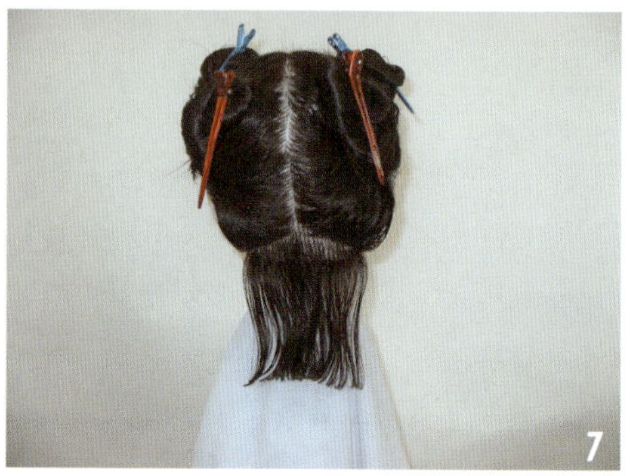
7

④ Crown 부위에 이를 때까지 계속해서 A-line으로 진행한다.

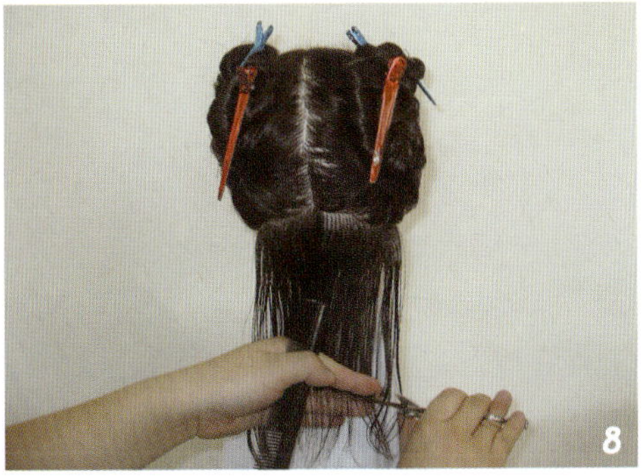
8

9

10

⑤ Crown 부분의 모발은 방사선 방향(pivot section)으로 빗질한 후 cut한다.

11

⑥ Back 부분의 cut이 전체적으로 끝난 상태로서 A-line의 앞내림 형태가 보인다.

⑦ Side는 전대각(diagonal forward section)으로 A-line의 앞내림 형태가 이루어지도록 cut을 진행한다.

⑧ 관자놀이(temple area) 윗부분의 모발은 얼굴을 가리지 않도록 hem-line을 따라 combing해서 cut한다.

⑨ 양쪽 side의 balance를 check한 후 같은 방법으로 반대쪽을 cut한다.

⑩ 완성 모습

4. V-Line (Isadora)

1) Structure & Section

앞뒤의 사선상의 단차는 고객의 개성에 따라 정할 수 있으며, 일반적으로 2~2.5cm로 한다. 단 blocking은 4등분으로 하고, section은 diagonal backward line이 되게 한다.

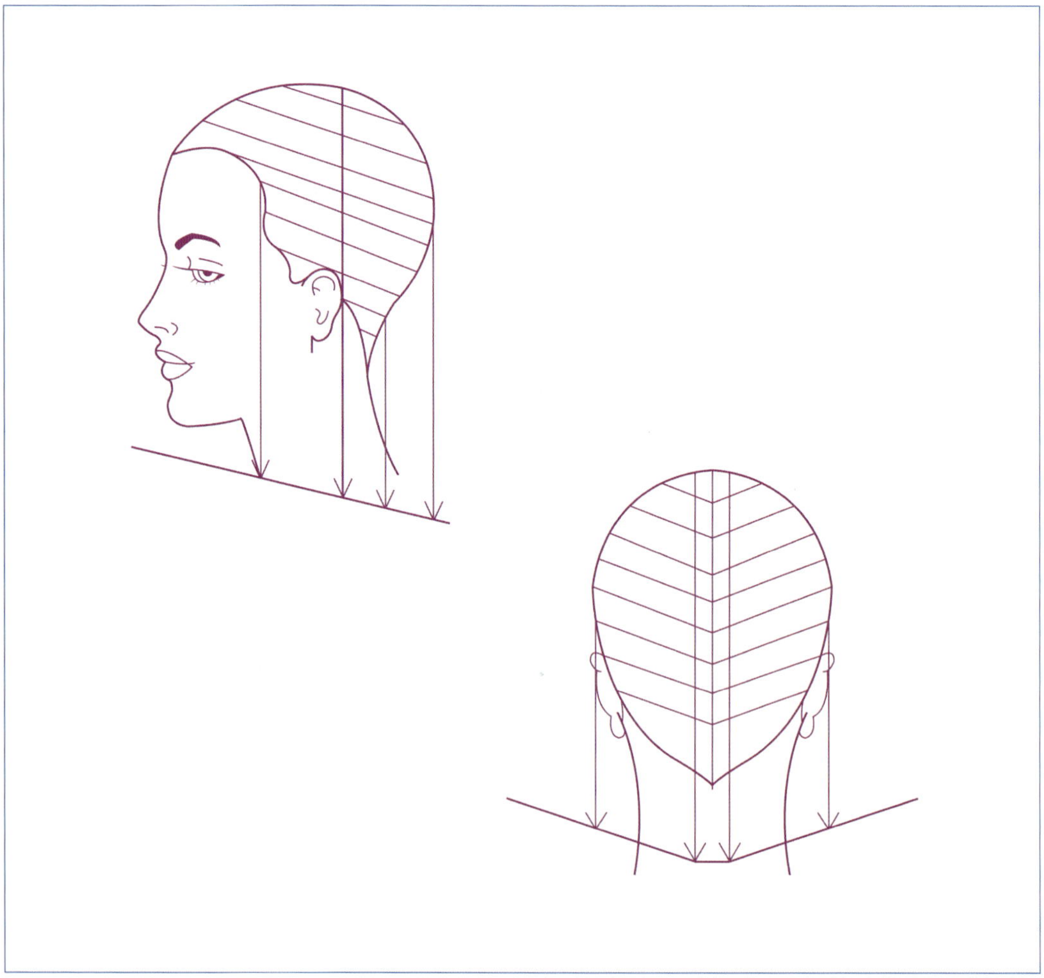

2) Procedure

① Blocking을 한 다음(T.P~N.P, T.P~E.B.P, 4등분) back center의 첫 section을 약 30° 앞올림의 V-line으로 combing 한 후, N.P에서 대략 8~9cm의 길이를 check한다. 길이가 확인되면 정중앙 부분부터 0°로 약 1cm 정도의 guide를 정한다.

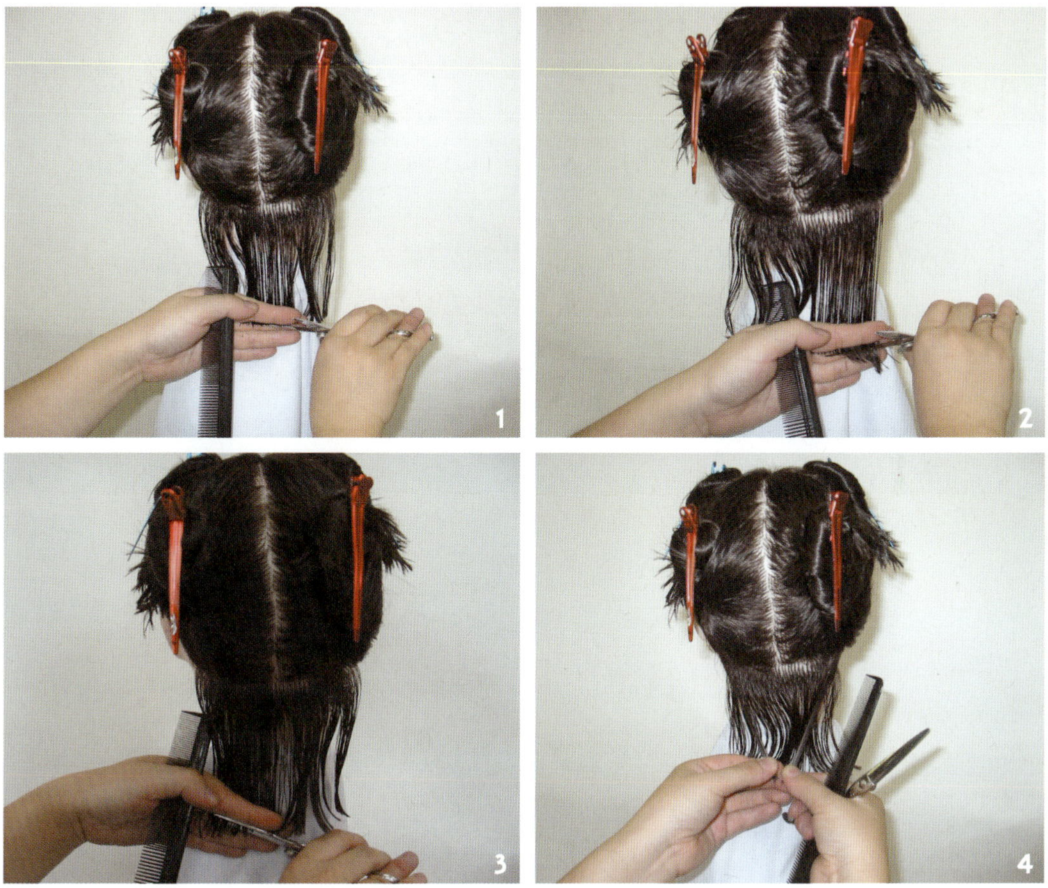

② Section과 평행하게 약 30°의 각도로 앞올림이 되도록 진행한다.

③ Top의 모발은 pivot section으로 방사선 빗질을 하여 cut하고, 양쪽 E.B.P의 모발 길이로 balance를 check한 후 back을 마무리한다.

④ Side는 후대각(diagonal backward section)으로 V-line 의 앞올림 형태가 이루어지도록 cut을 진행한다.

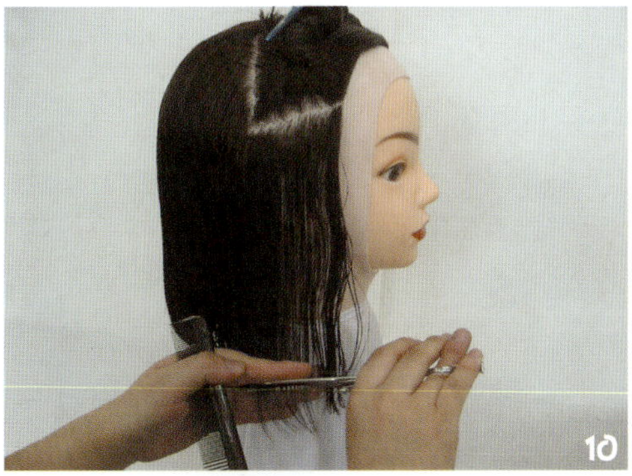

⑤ 양쪽 side의 balance를 check한 후 같은 방법으로 반대쪽을 cut한다.

chapter

5. Graduation Form

1. Graduation Overview

1) Definition

Graduation이란 volume감을 유도하는 가장 대표적인 cut technique이자 style의 명칭으로, 위가 길고 밑이 짧도록 45°를 기본 각도로 하여 one-length보다는 가벼움을, layer보다는 무게감을 형성한다. 특히 동양인의 경우 납작한 후두부(occipital bone)에 volume감을 만드는 등 응용범위가 넓다.

2) Structure

① Low graduatio

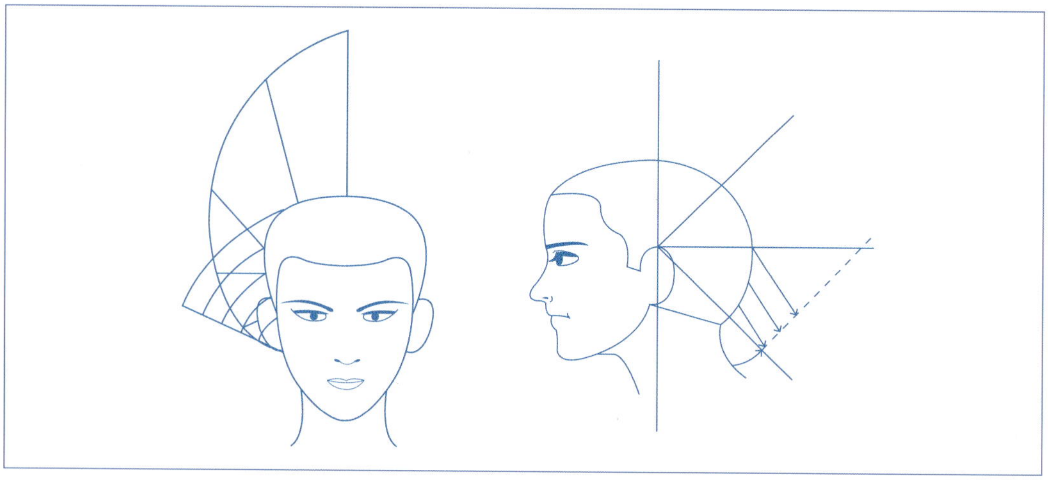

② Medium graduation

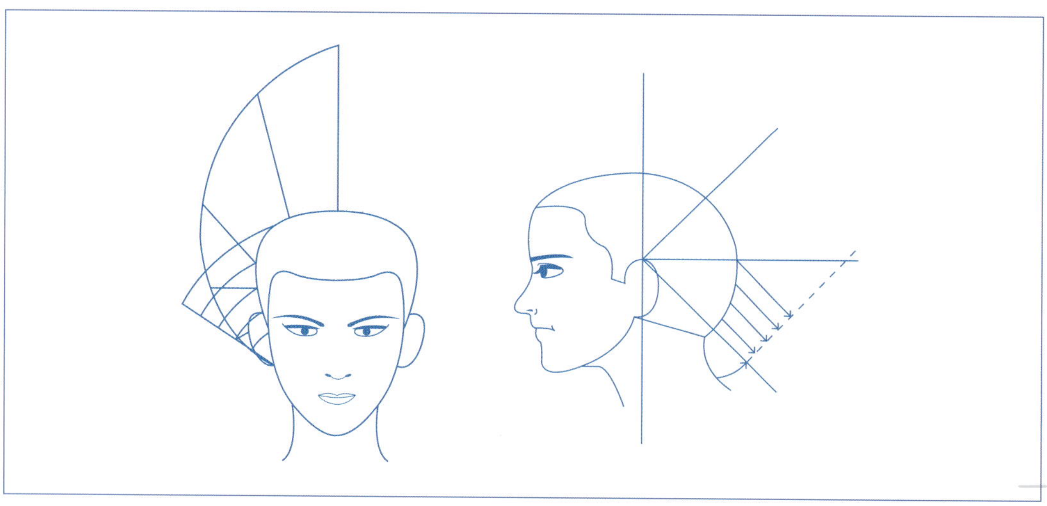

③ High graduation

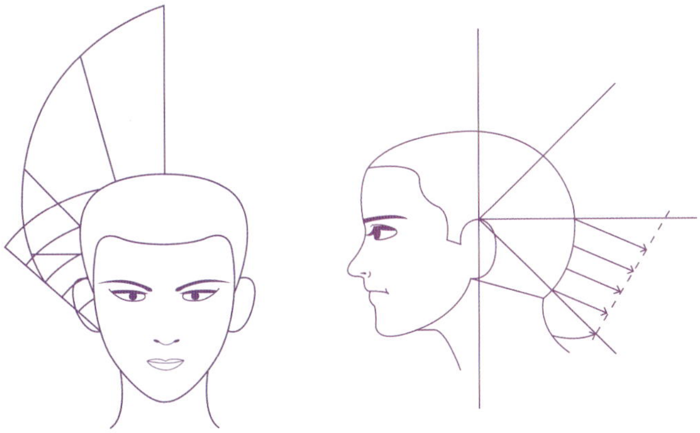

3) Section

층의 높이를 결정하는 guide line 설정 시는 vertical section을, graduation의 모양에 따라서는 horizontal section을 부분적으로 응용하기도 하나, 종종 graduation의 기본 section으로 diagonal section이 사용된다.

4) Angle

① Low graduation

1°~30°이하, 낮은 graduation 층을 형성, volume감 〈 무게감.

② Medium graduation

31°~60°, volume감을 가장 이상적으로 유도하는 각도.

③ High graduation

61°~89°이하, 높은 graduation 층을 형성, volume감 〉 무게감.

2. Basic Graduation

1) Structure & Section

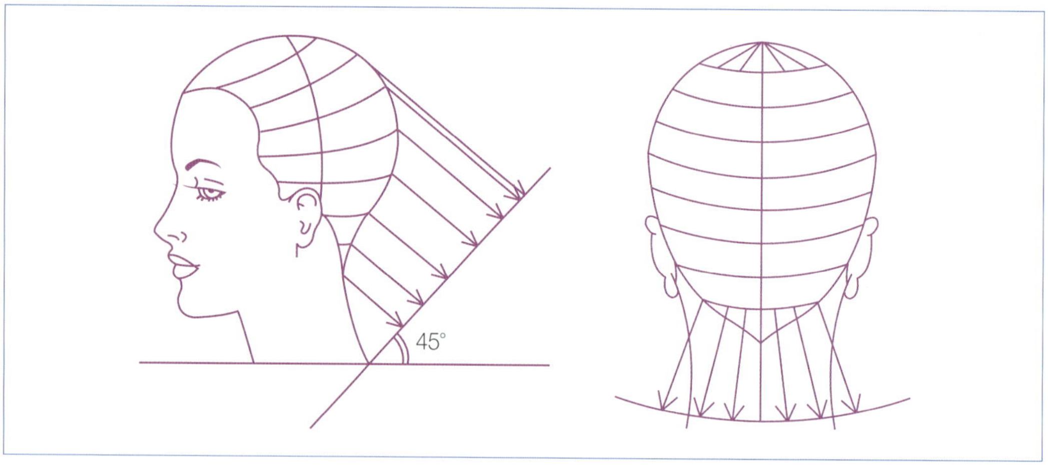

5등분으로 Blocking하고, 두상을 따라 둥글게 sectioning을 한다.

2) Procedure

① Blocking

: F.S.P~T.P(square part), T.P~E.B.P, T.P~N.P (5등분)

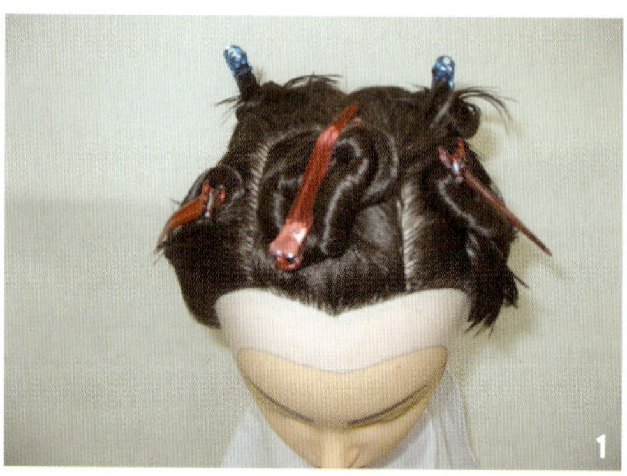

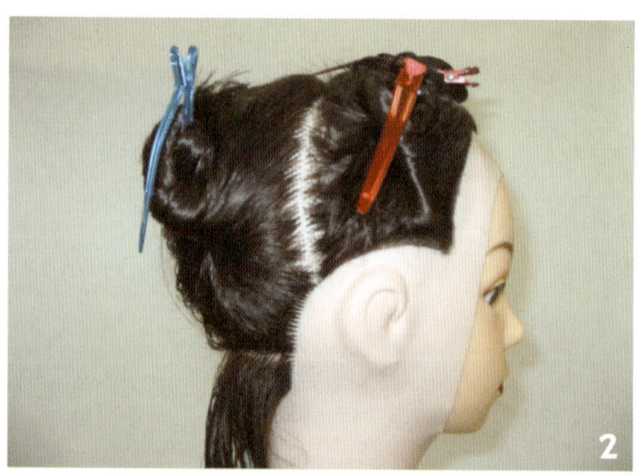

② 두상을 따라 둥글게 sectioning을 한 후 back center line 부터 적당한 길이로 guide를 잡는다. 첫 guide는 0˚로 cut한다.

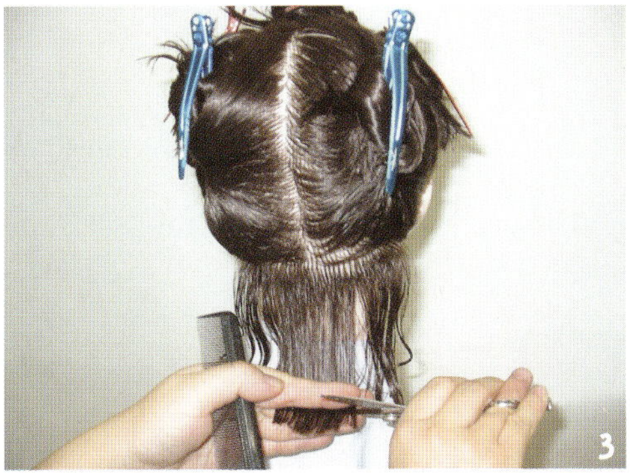

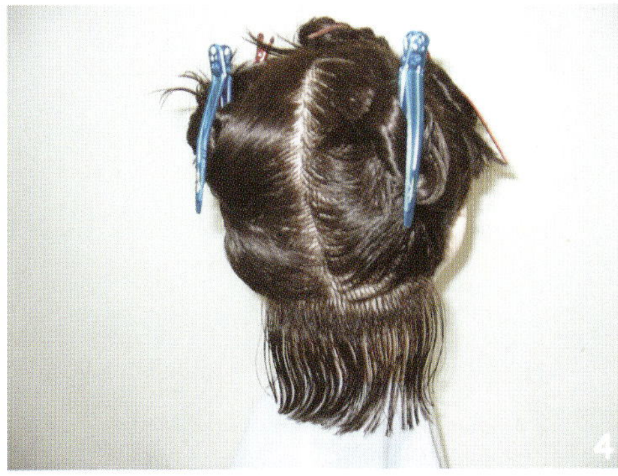

③ 다음 section을 떠서 guide line에 맞추어 45˚로 들어서 cut한다.

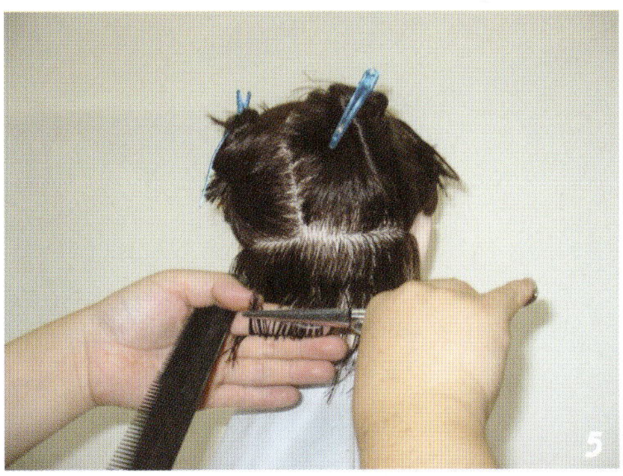

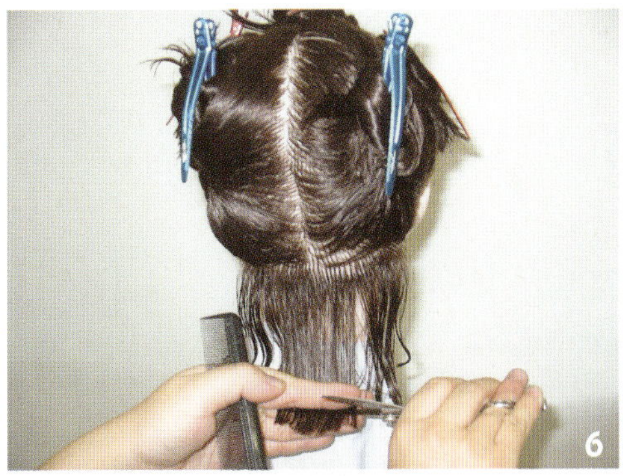

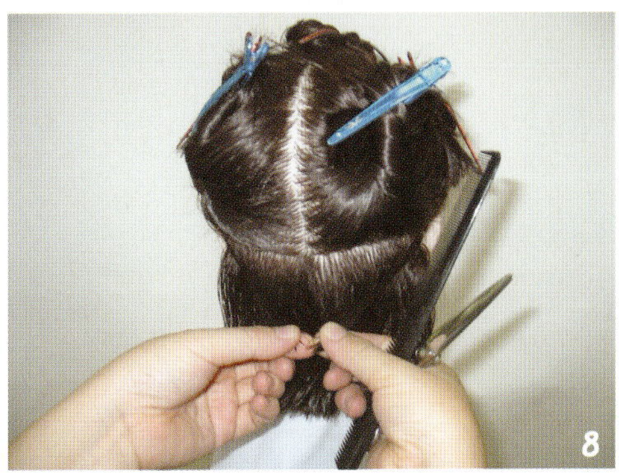

④ Guide line과 overlap해 45°로 계속 cut해 나간다.
두상이 둥근 모양대로 몸을 움직여 가면서 양쪽이 길어지지 않도록 주의한다.

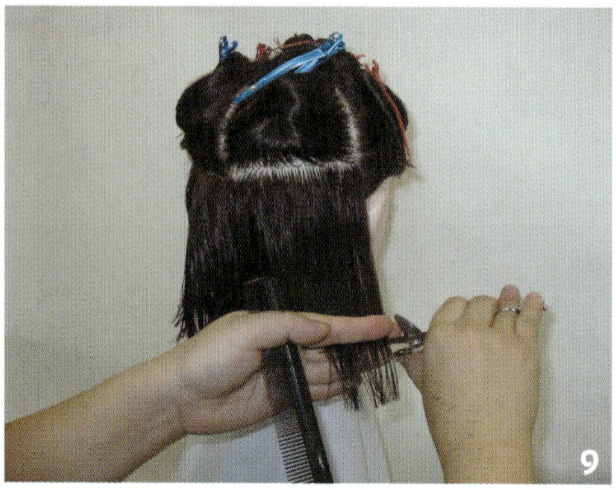

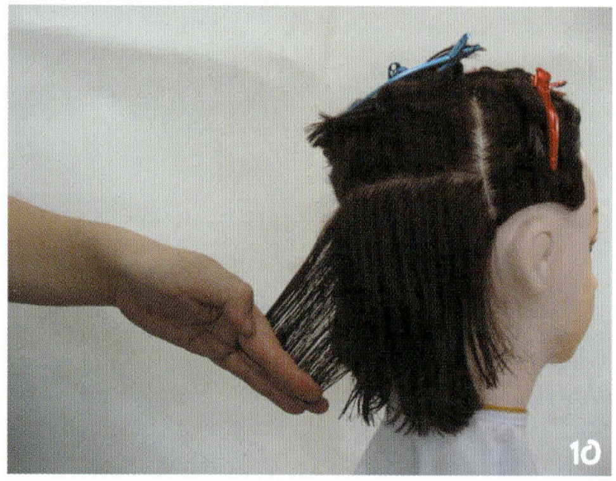

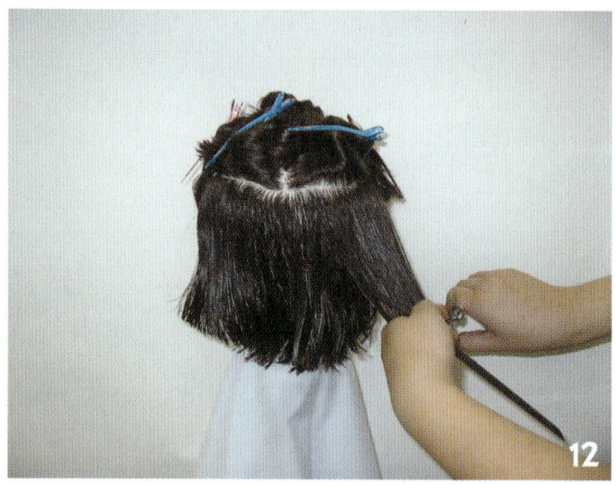

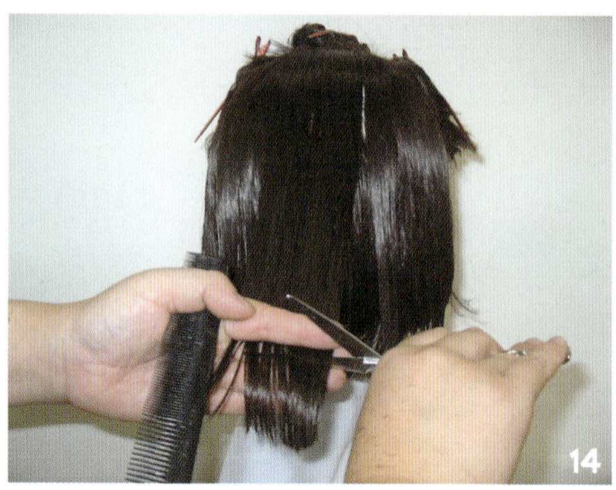

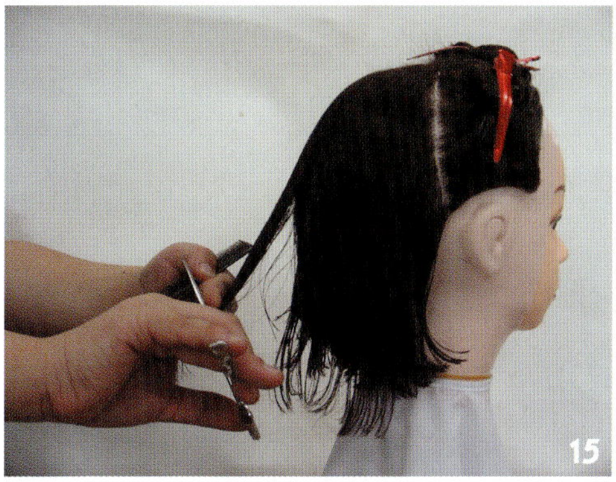
15

16

⑤ E.B.P의 모발을 guide로 해서 side의 guide를 0°로 정한다.

17

18

⑥ 두 번째 section부터는 45°로 들어서 계속 동일한 방법으로 cut한다.

19

20

⑦ 양쪽 side balance를 check한 후 같은 방법으로 반대쪽을 cut한다.

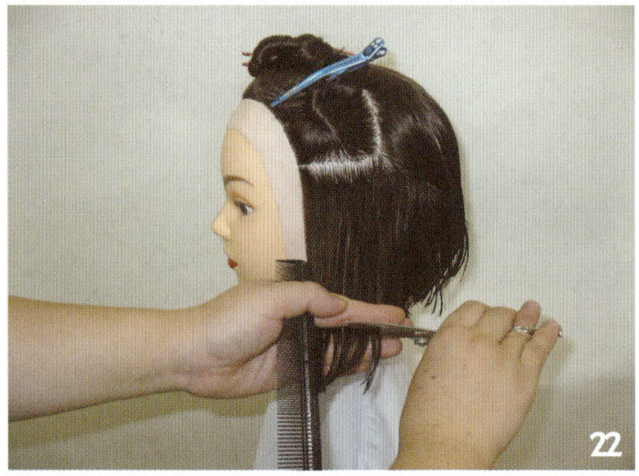

⑧ Top 부분의 모발을 pivot section으로 방사선 빗질해서 guide 위에 overlap해서 45°로 cut해서 마무리한다.

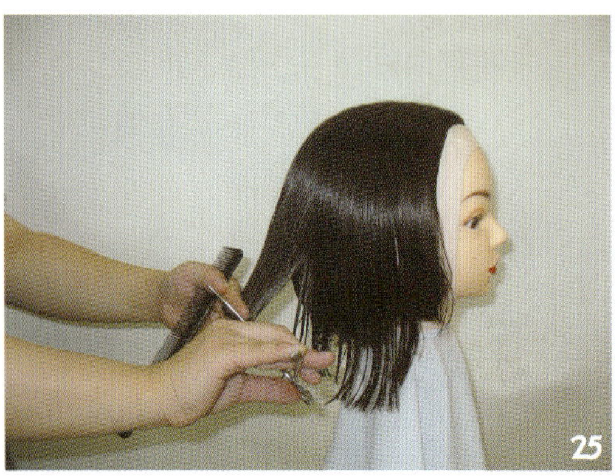

⑨ 완성 모습

27

28

3. Applicated Ⅰ (Graduated Bob)

1) Structure & Section

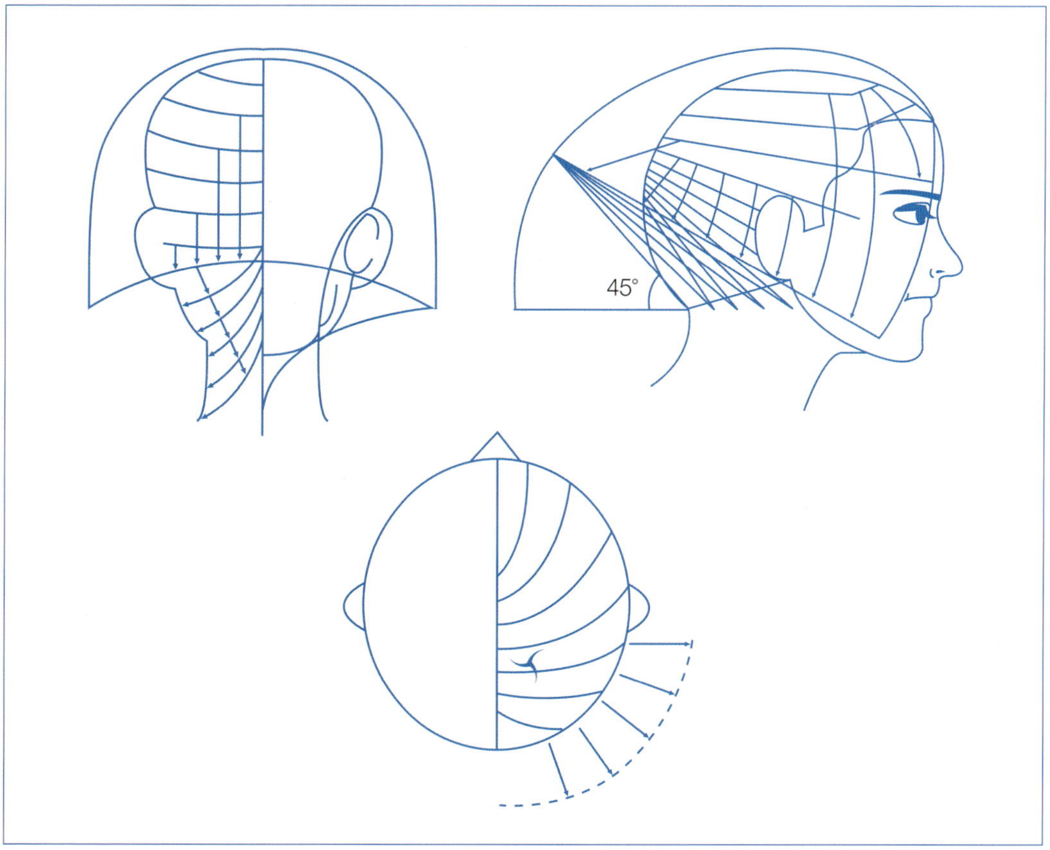

2) Procedure

① Blocking : occipital bone에서 E.B.P까지 약간 A-line으로 section을 나눈다.

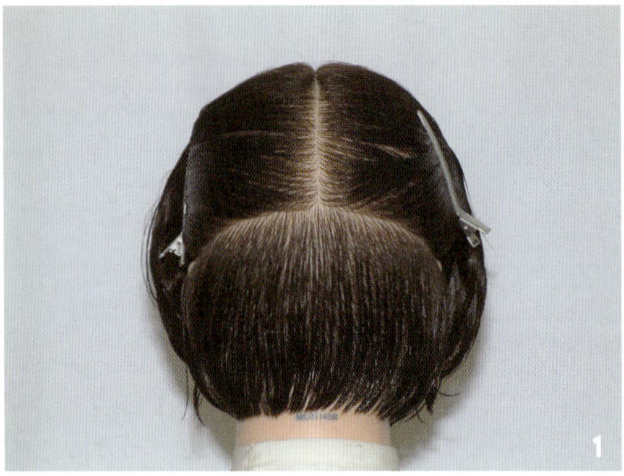

1

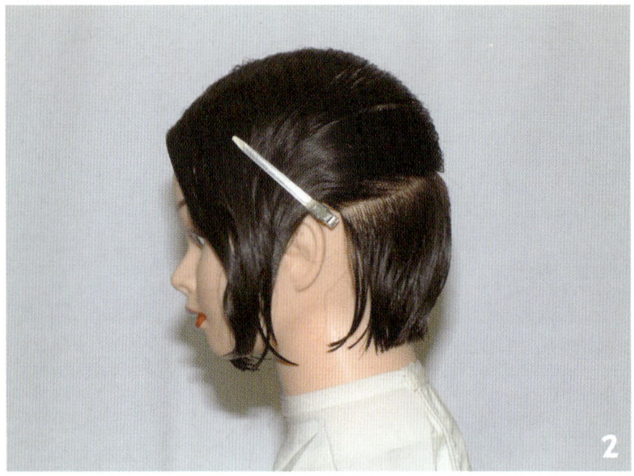

2

② Graduation을 용이하게 하기 위해 head position을 약간 숙인다. Nape center 부분을 vertical section으로 나누어 약 45° 정도의 각도로 들어 guide를 결정한다. 그 다음 section부터는 pivot section으로 진행하며, 한 section씩 over direction함으로써 귀 뒷부분의 length를 유지하도록 한다.

3

4

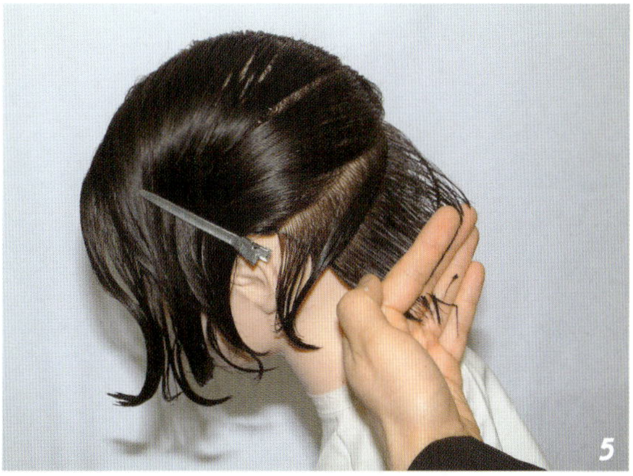
5

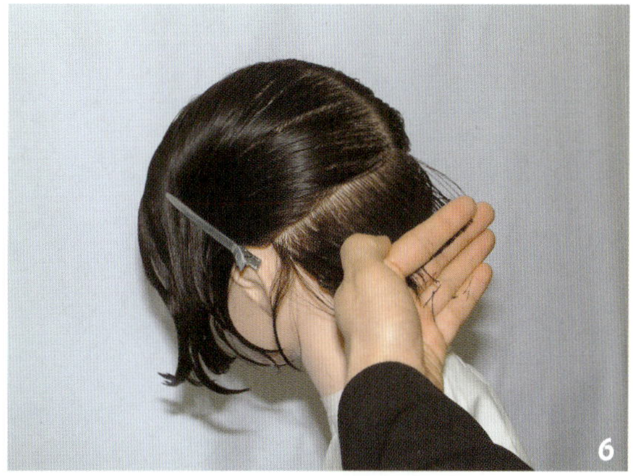
6

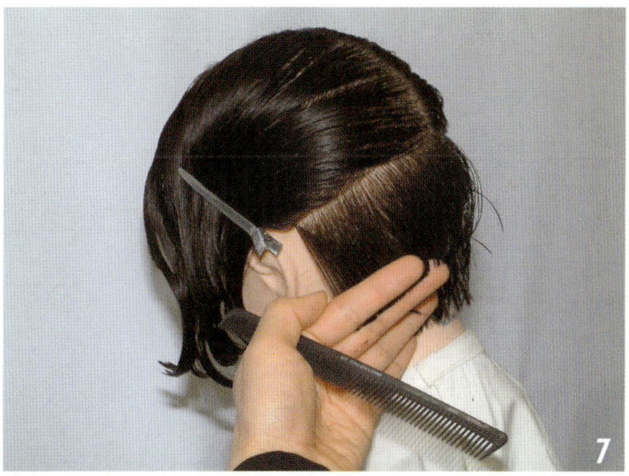
7

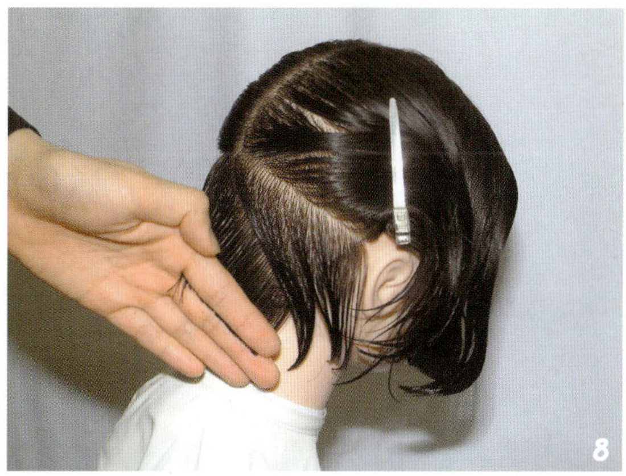
8

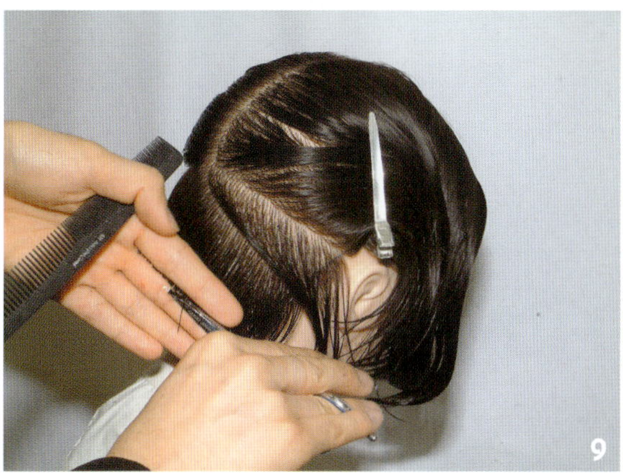
9

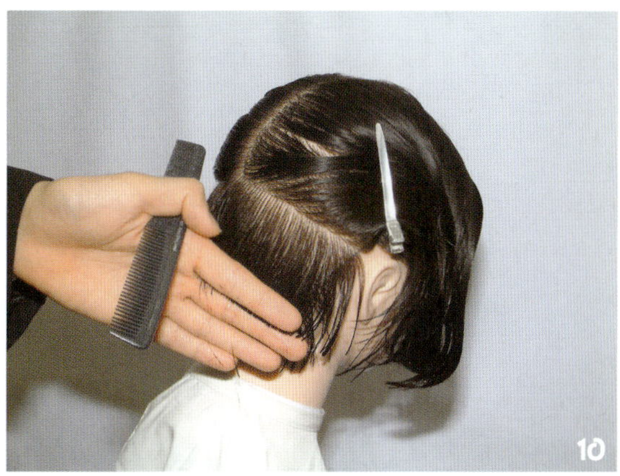
10

③ Cross check : nape 부분의 cut이 마무리된 후 center 부분과 귀 뒷부분의 length가 같도록 한다.

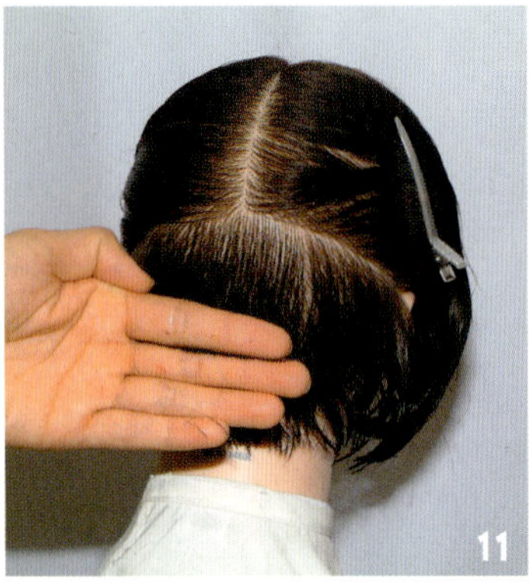
11

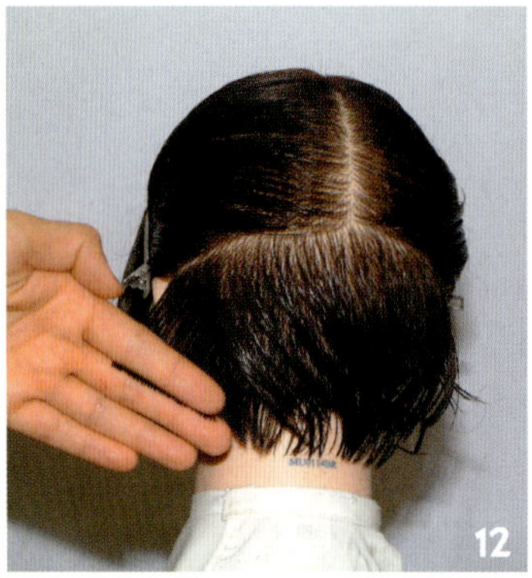
12

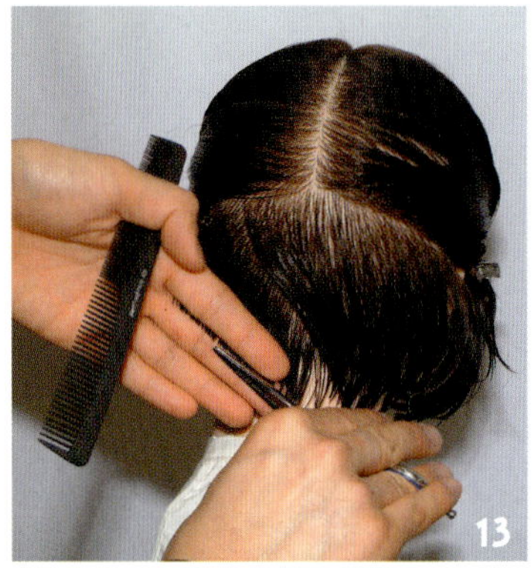
13

④ Side에서는 이전 cut line과 평행을 이루도록 horizontal section으로 진행한다. 이때 back 부분은 nape에서 진행한 각도에서 조금 elevation을 주며, side로 진행할수록 down시켜 앞부분은 거의 one-length cut 하는 느낌으로 진행한다. Temple 윗부분은 모발이 자연스럽게 떨어지는 방향으로 combing하여 cut한다.

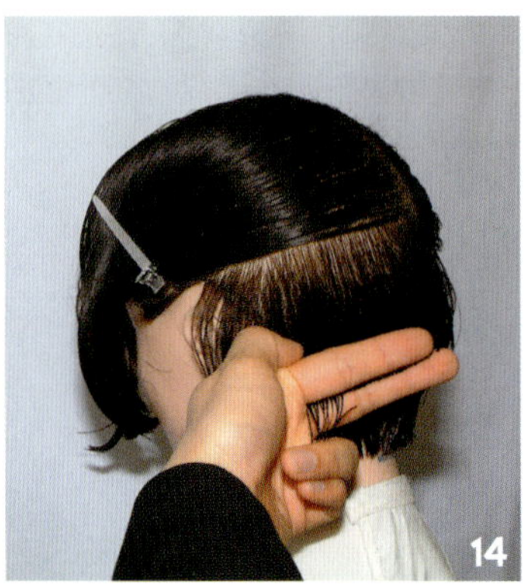
14

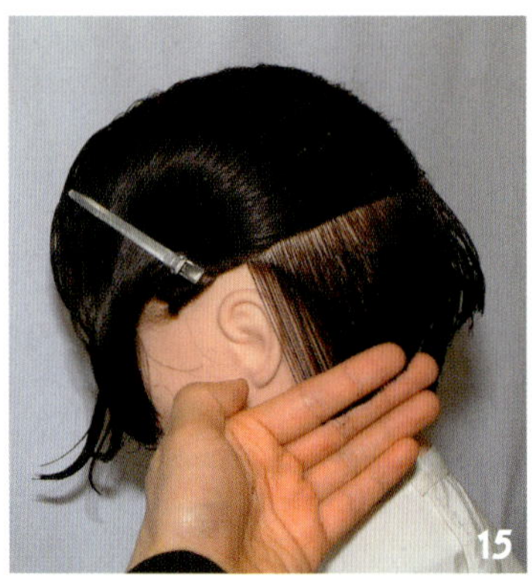
15

16

17

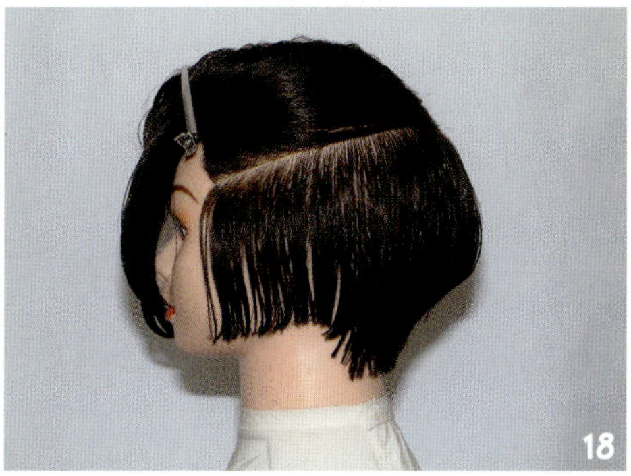
18

19

20

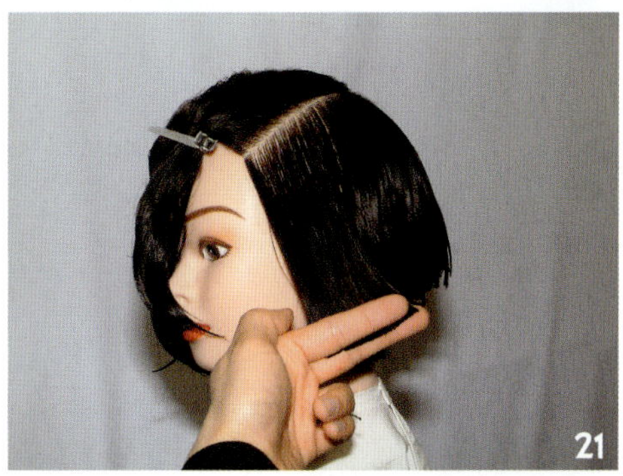
21

22

23

⑤ 반대쪽도 같은 방법으로 진행하며, 특히 귀 윗부분의 첫 section을 cut할 시에는 양쪽의 balance check를 한다.

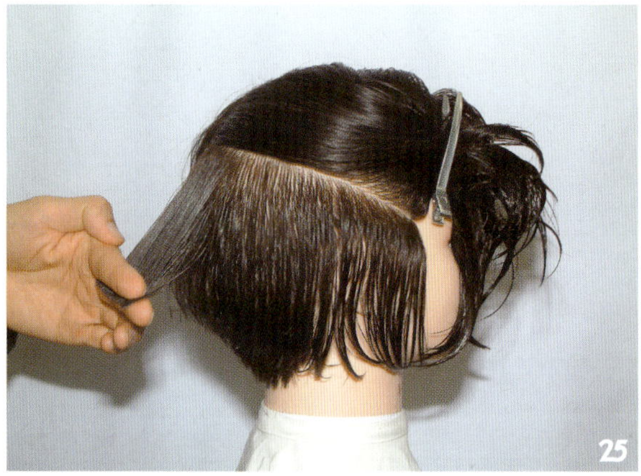

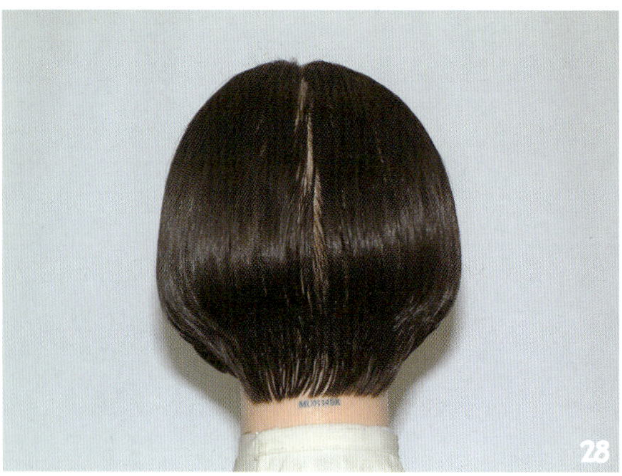

⑥ 완성 모습

4. Applicated II (Round Graduation)

1) Structure & Section

2) Procedure

① Blocking

: temple area에서 평형하게 U자형으로 blocking한다.

1

2

② Side에서 두상을 따라 약 45°의 diagonal section으로 guide를 정한다. 첫 guide line은 down해서 cut하고, 귀 선까지 진행하면서 조금씩 elevation한다.

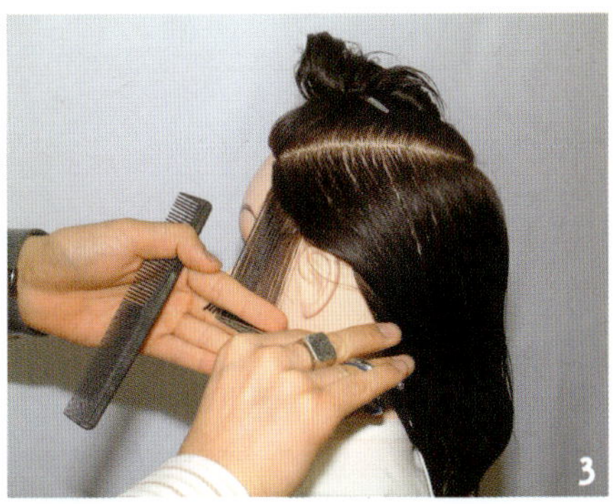

3

4

5

③ Side에서 45°로 nape와 back을 연결해 계속 동일한 section으로 평행하게 G.B.M.P에서 E.B.P까지 진행한다.

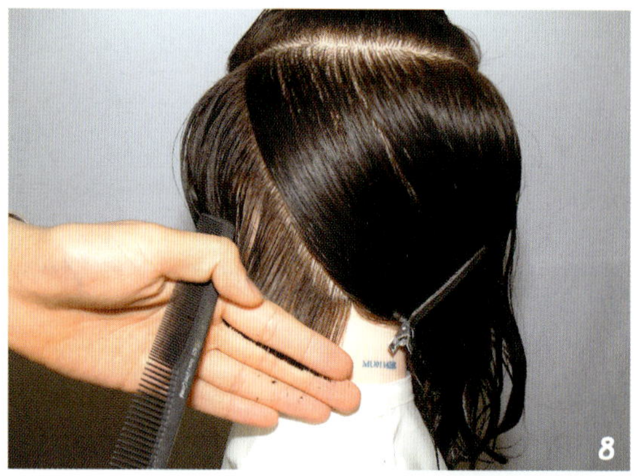

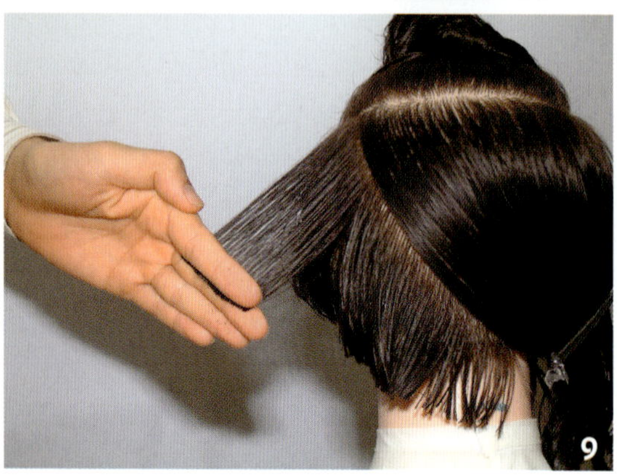

④ 같은 방법으로 반대쪽을 cut하되, 첫 번째 guide line 의 balance를 정확히 check한 후 다음 section으로 진행한다.

⑤ Cross check : cut했을 때의 반대 section을 사용하되 cut했을 때와 동일한 각도로 들어 check한다.

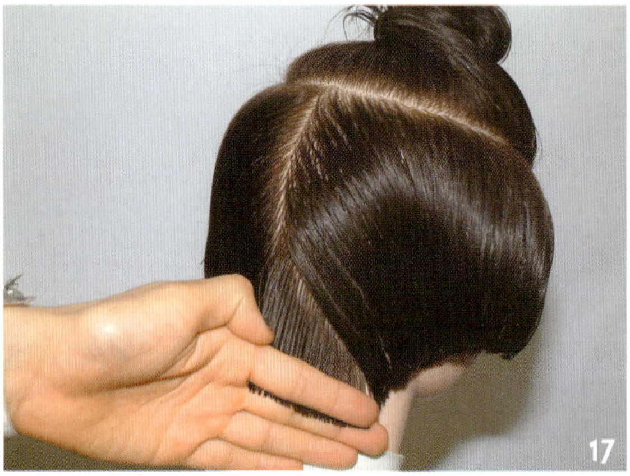

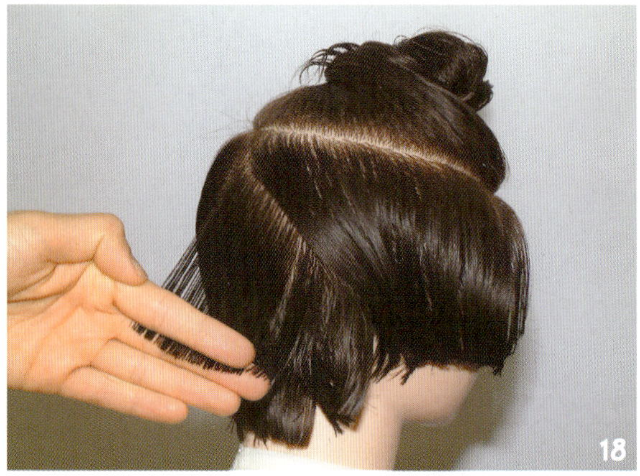

⑥ Top은 side에서 진행된 section의 연장선과 같이 동일한 diagonal section으로 나눈다. 각도는 side에서 연장되어 조금씩 elevation된 각도이다. 즉 back 쪽으로 진행되면서 조금씩 elevation된다.

⑦ 계속 diagonal section으로 진행하다가 T.P에 이르게 되면 T.P를 중심으로 pivot section으로 진행한다.

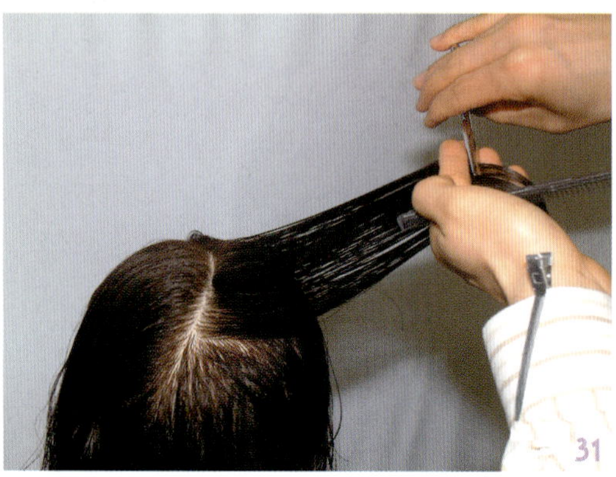

⑧ 같은 방법으로 반대쪽을 cut한다.

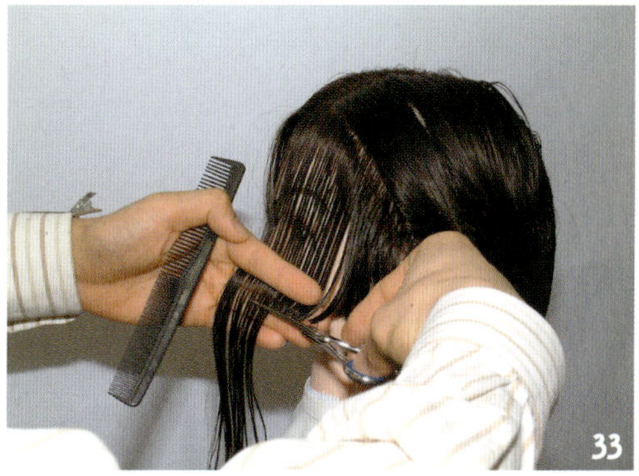
33

34

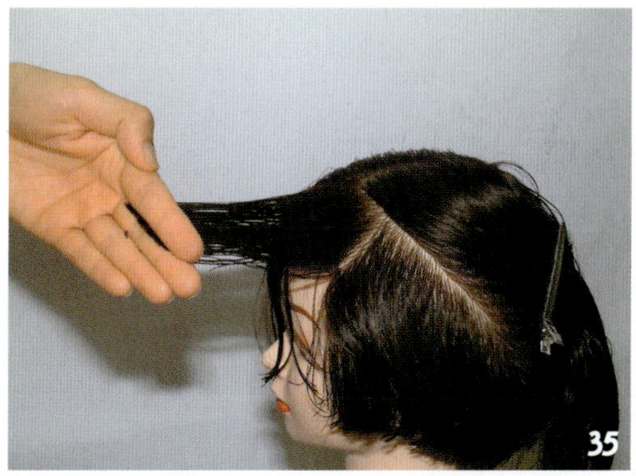
35

36

37

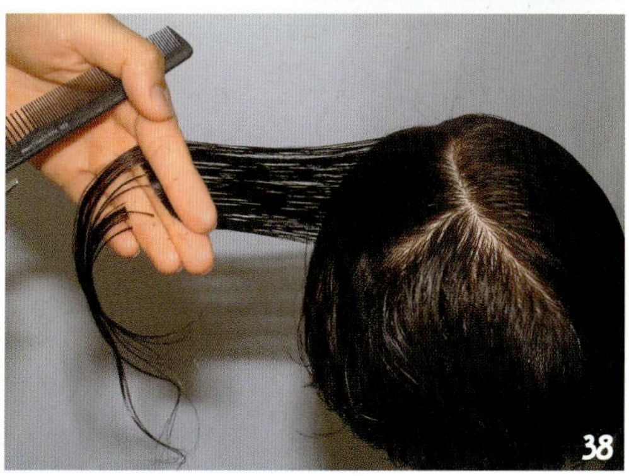
38

39

⑨ Top 부분 cross check

: cut되었던 각도를 유지하되 가로로 진행한다.

40

41

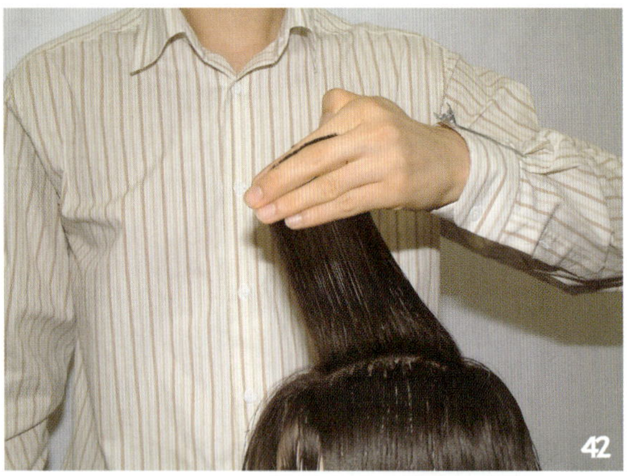
42

43

44

45

⑩ Blow dry와 texurizing 후 완성된 모습

46

47

48

49

chapter 6. Layer Form

1. Layer Overview

1) Definition

Layer cut은 방향, 움직임, 가벼움 등을 표현하기 위한 목적으로 사용되는 cut style이다. 모발에 움직임을 주어 질감의 변화를 연출할 수 있으므로, 특히 동양인의 직모에 매우 효과적이다. 모발에 단차가 형성된다는 점에서 graduation은 아랫머리가 짧고 윗머리가 긴 상태에서 volume을 형성하는 반면, layer cut은 전체적인 모발의 길이가 같거나 윗머리가 아랫머리보다 짧은 상태에서 가벼움을 느낄 수 있다는 차이점이 있다. Short style에서 long style까지 다양하게 응용될 수 있는 technique이며, hair 제품과 여러 가지 마무리 technique을 통해 다양한 움직임과 가벼움을 연출할 수 있다.

2) Structure

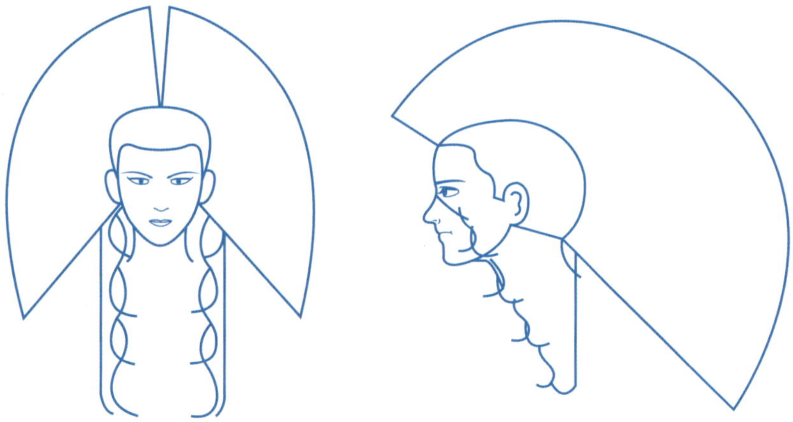

3) Section

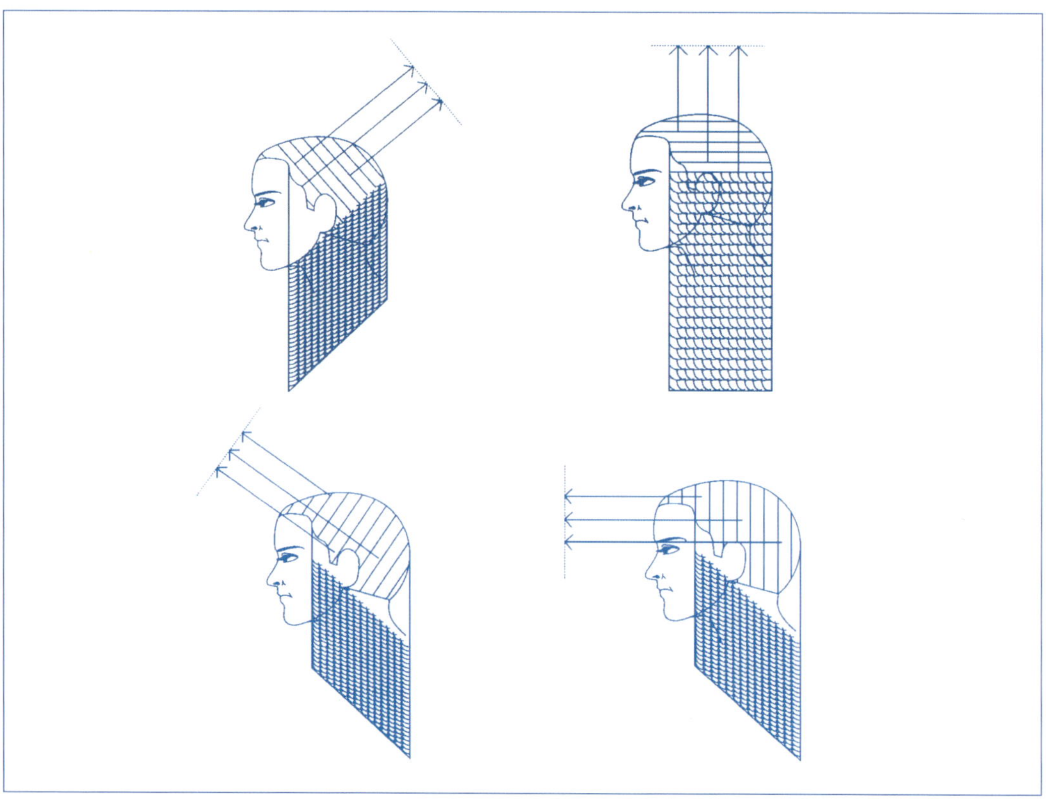

4) Angle

보편적인 각도는 90°이며 style에 따라 90° 이상의 다양한 각도를 응용한다.

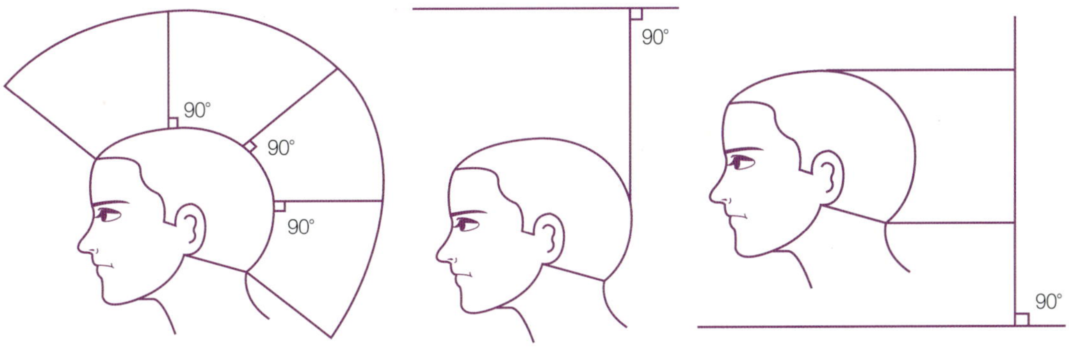

2. Basic Layer

1) Structure & Section

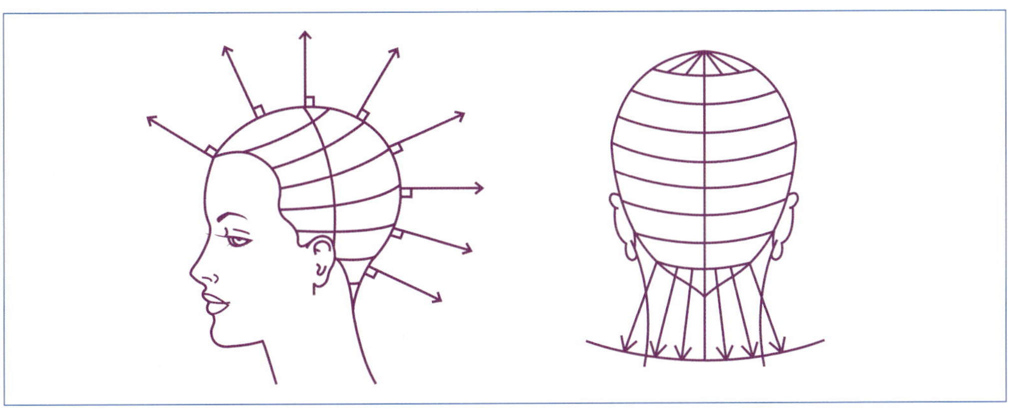

길이는 semi-long으로 하되 nape line에서는 5~6cm로 한다. blocking은 5등분으로 하고 전체적으로 모발의 길이가 같도록 한다.

2) Procedure

① blocking : F.S.P~T.P(square part), T.P~E.B.P, T.P~N.P (5등분)

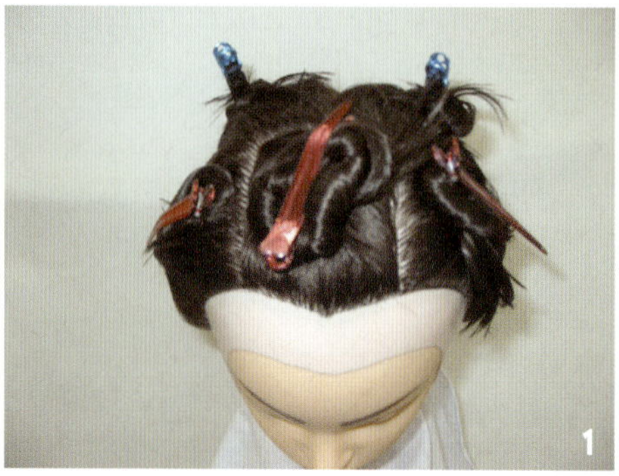

1

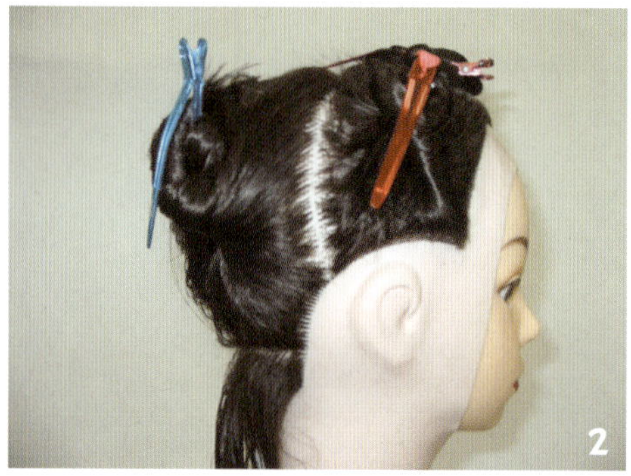

2

② 두상을 따라 둥글게 section을 뜬 후, back center의 정중선부터 길이가 5~6cm가 되도록 guide를 잡는다. 첫 guide는 0° 로 cut한다.

3

4

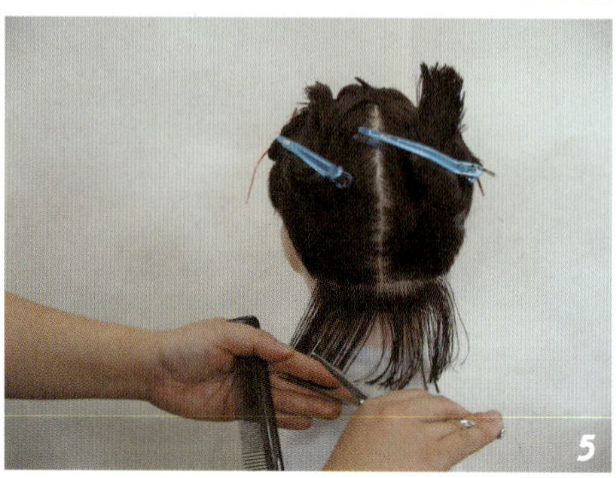

5

6

③ 두 번째 section부터는 첫 번째 section을 guide line으로 하여 90°로 들어서 cut한다.

④ 빗머리를 사용해 두피 각도 90°를 알아보는 모습.

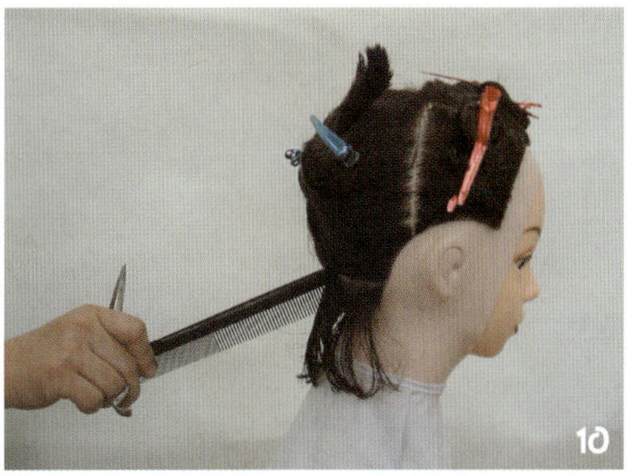

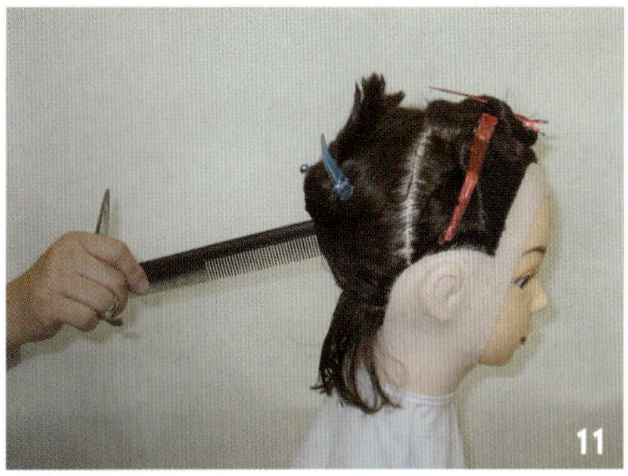

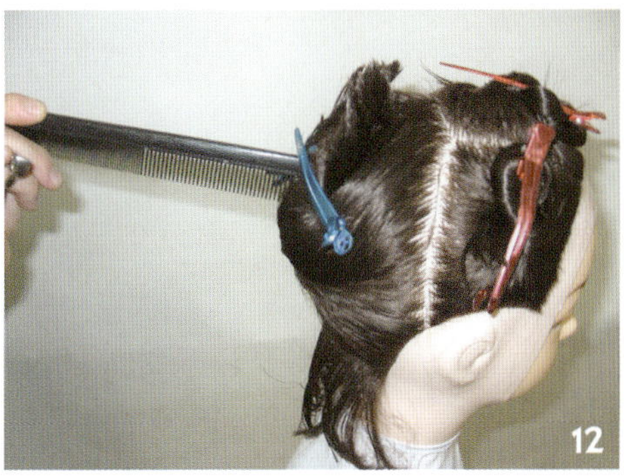

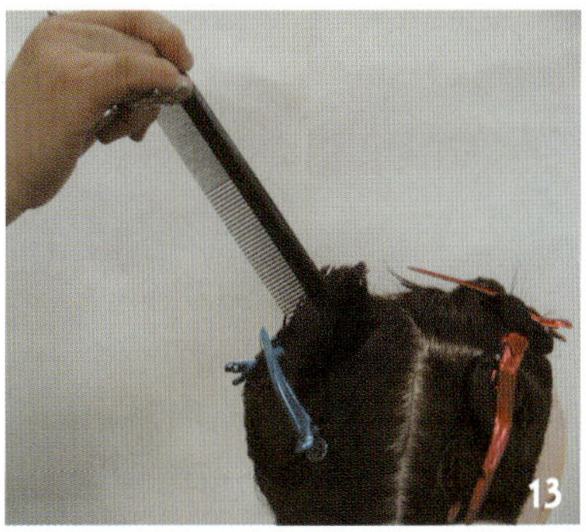

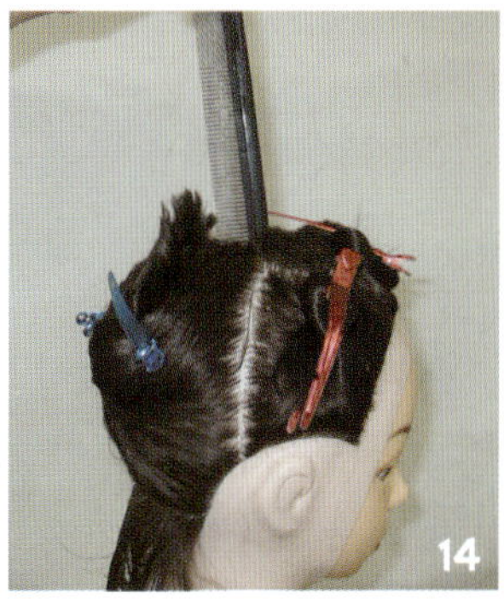

⑤ 계속해서 두상 곡면에 대한 각도로 90°를 유지하면서 cut해 나간다. 두상이 둥근 만큼 몸을 움직여 양쪽 side의 길이가 길거나 짧아지지 않도록 주의한다.

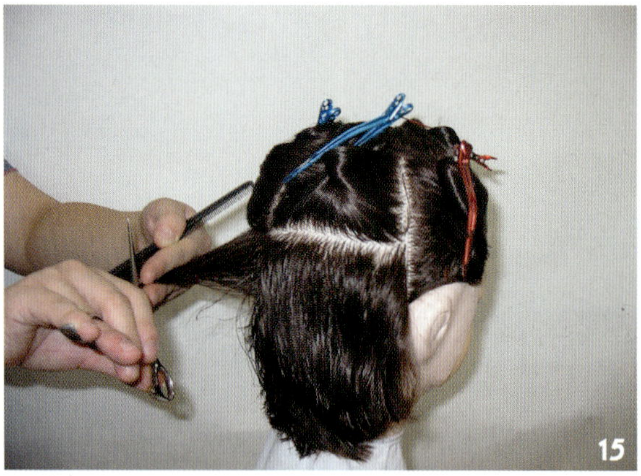
15

16

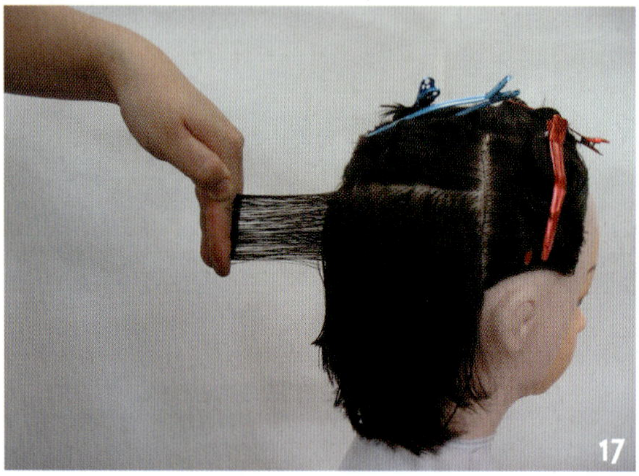
17

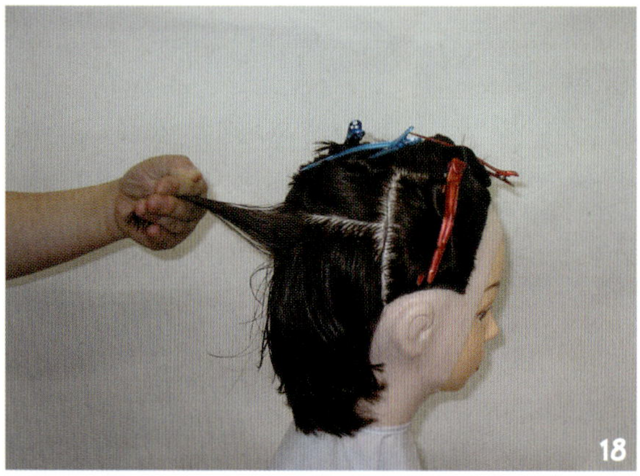
18

19

20

⑥ Crown 부분은 pivot section으로 방사선 빗질하여 round가 되게끔 cut하되, 위치가 높기 때문에 손등 위로 out-cut한다.

21

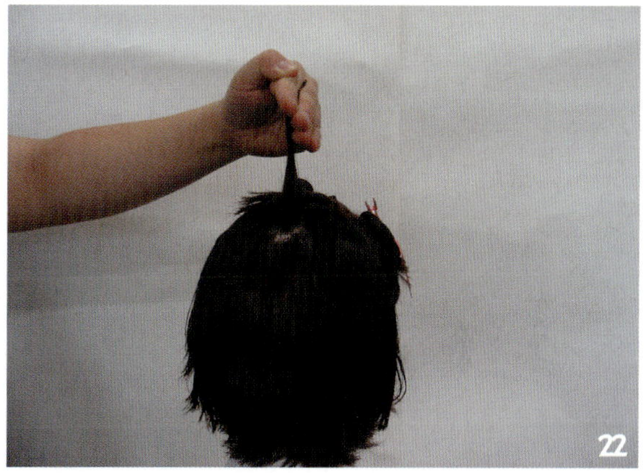
22

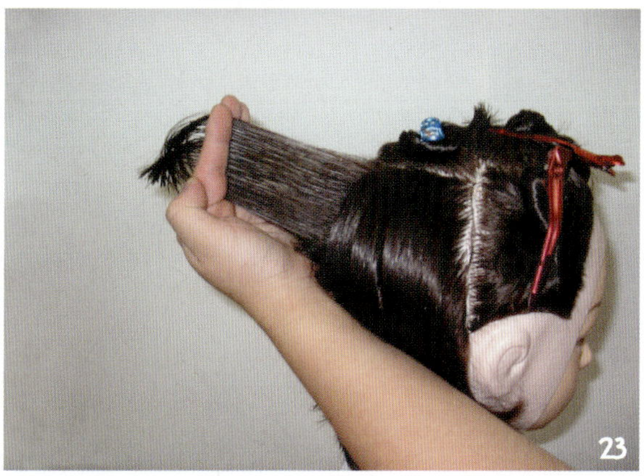
23

24

25

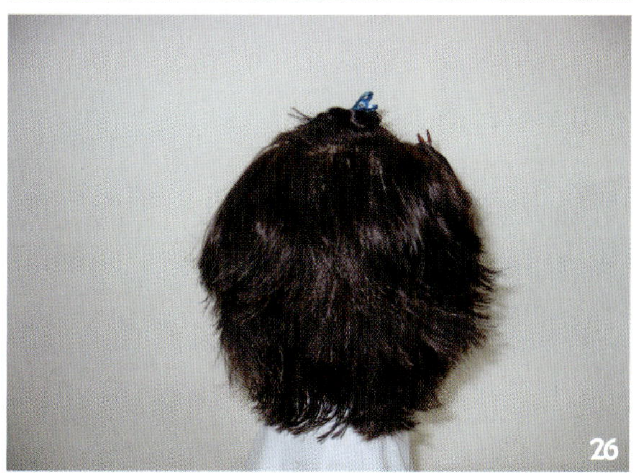
26

⑦ Side 부분은 back의 guide에 맞추어 두상 곡면에 대한 각도로 90° 를 유지하면서 cut을 진행한다.

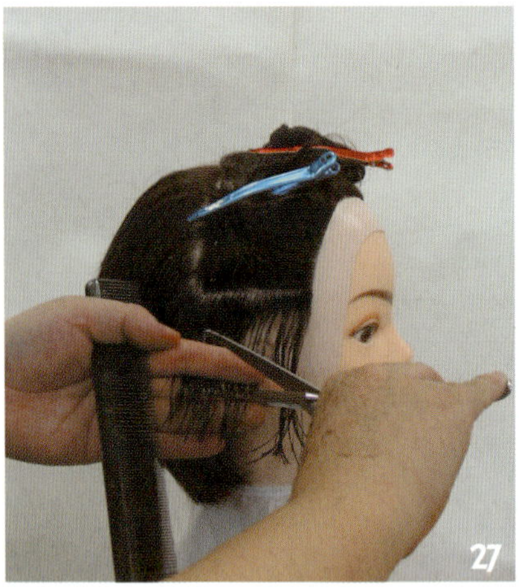

⑧ Top 부분은 crown과 side의 guide를 이용해 두피 각도 90°로 cut하되, 후속되는 작업을 위해 너무 짧게 진행하지는 않도록 한다.

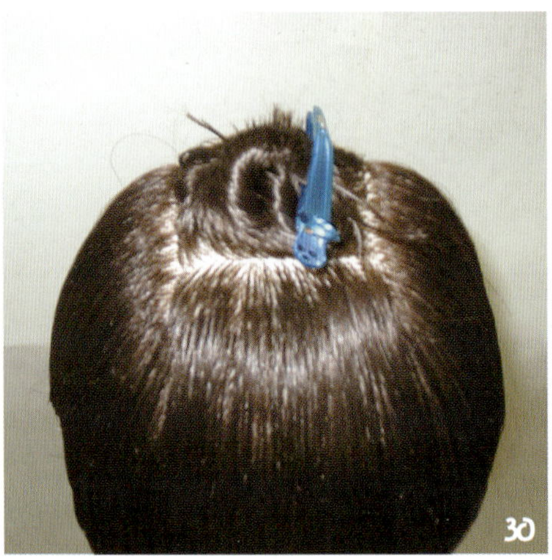

⑨ 전체적으로 round layer이므로 어느 부분을 잡아도 튀어 나오는 부분이 없도록 check한 후 마무리한다.

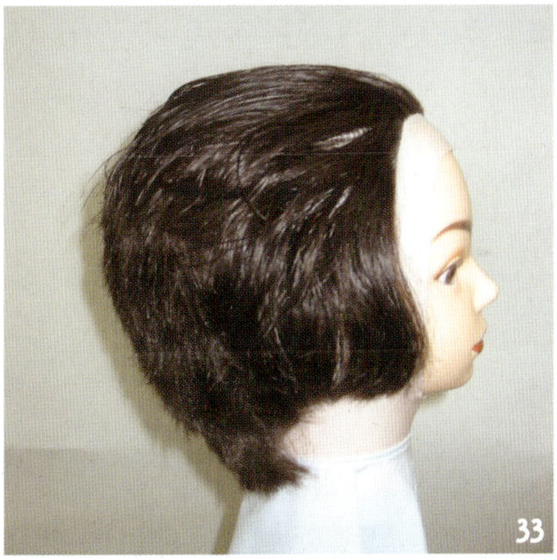

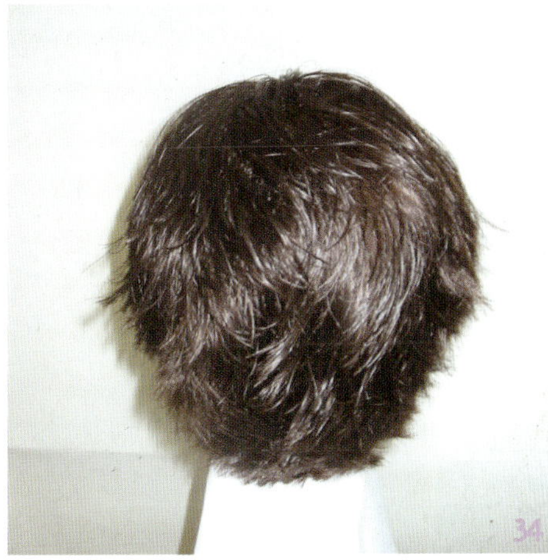

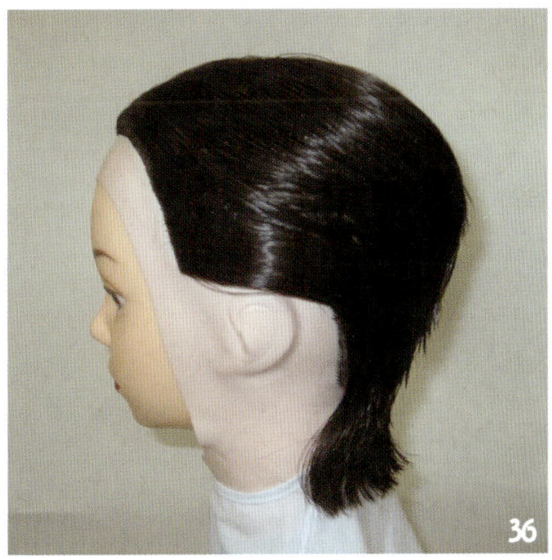

3. Applicated Layer Ⅰ (Long Square Layer)

1) Structure & Section

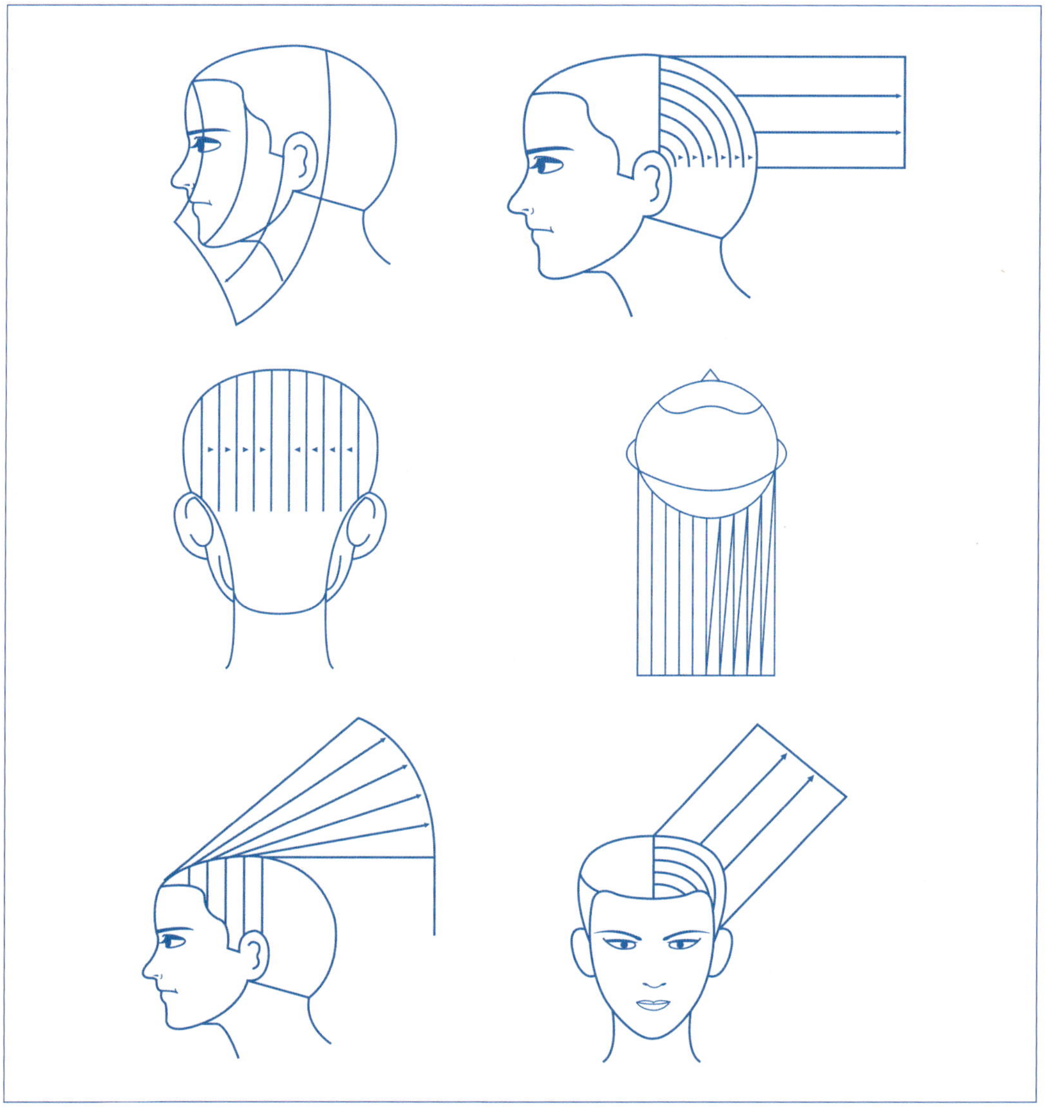

Out line의 무게감을 균등하게 유지하기 위해서 시행하는 cut으로, back 부분에 무게감이 가장 많으므로 back에 layer를 많이 주는 cut형이다.

2) Procedure

① blocking : ear to ear part, center part (4등분)

Head position은 graduation이 생겨도 상관없으므로 똑바로 함으로써 一자 line 만들기가 더 용이하다.

② Nape에서 guide line을 square line으로 잡는다.

③ Section의 굵기는 guide가 보일 정도로만 넓게 내려서 거의 3번만에 back을 cut한 후 balance를 check한다.

④ Side는 back의 E.B.P의 모발을 기준(guide)으로 해서 square line으로 cut한다.

⑤ 부드러운 face line을 형성하기 위해 ear to ear part를 나눈 후 side의 모발을 한 번에 잡아 앞부분으로 over direction하여 원하는 만큼의 forward graduation을 준다. 이때 head position은 반대 방향으로 조금 젖힌다.

11

12

13

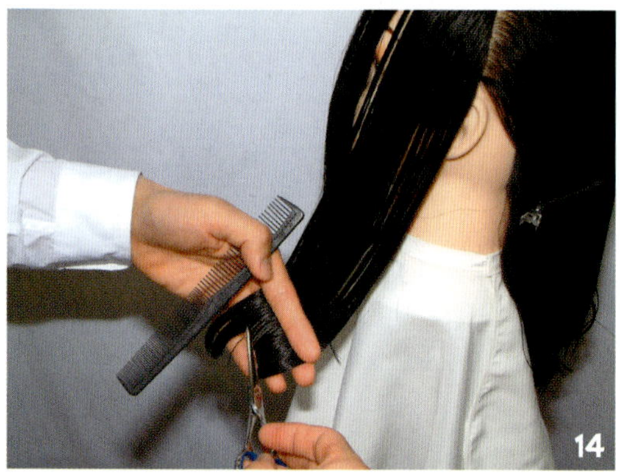
14

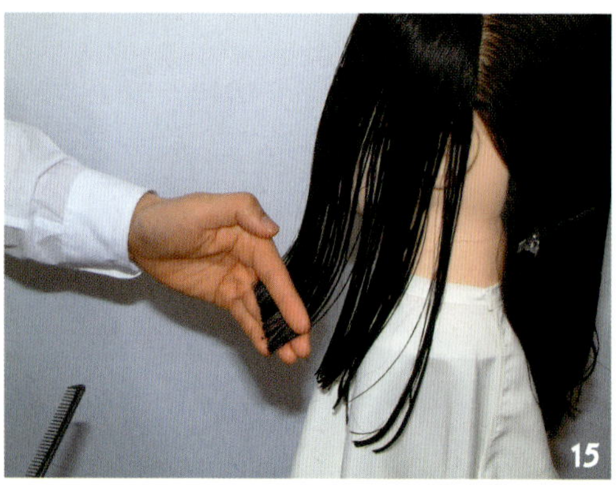
15

16

⑥ Top~nape를 vertical section으로 잡는다. Occipital bone에서 top까지 square layer cut 해서 guide를 결정한다. 한 section씩 이전에 cut된 section 쪽으로 over direction해서 nape까지 진행한다.

17

18

19

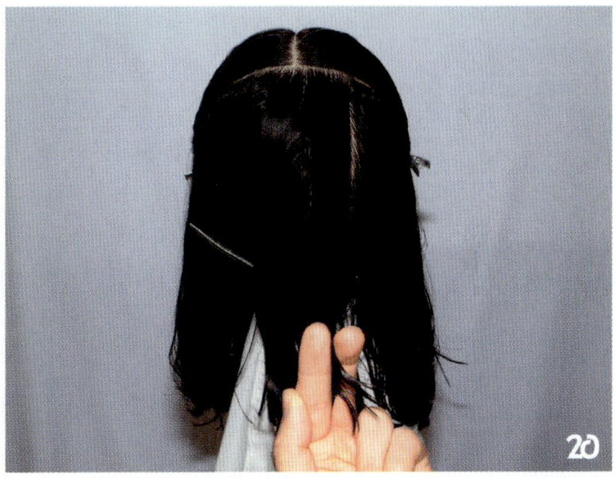
20

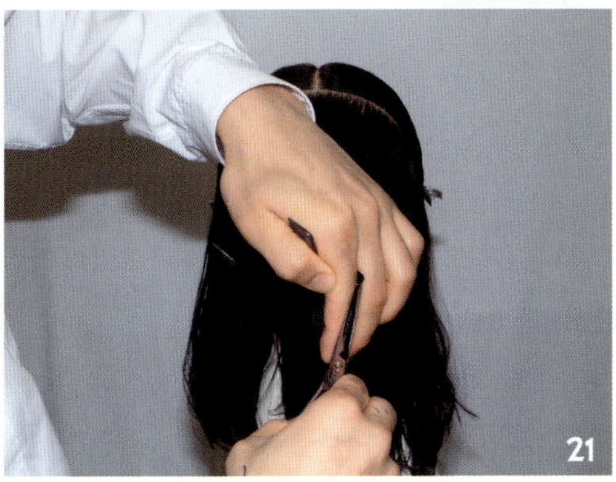
21

22

⑦ 한쪽을 다 진행한 후 cross check한다.

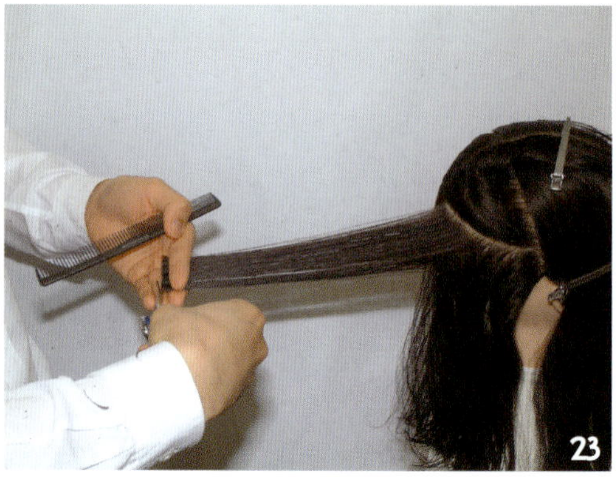

⑧ 같은 방법으로 반대쪽을 cut한다.

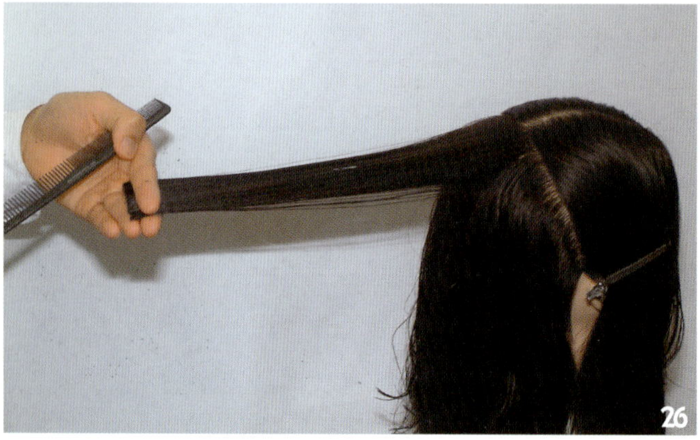

⑨ Side는 약간 diagonal section으로 top의 guide에 맞추되 조금씩 elevation시켜 진행한다.

27

28

29

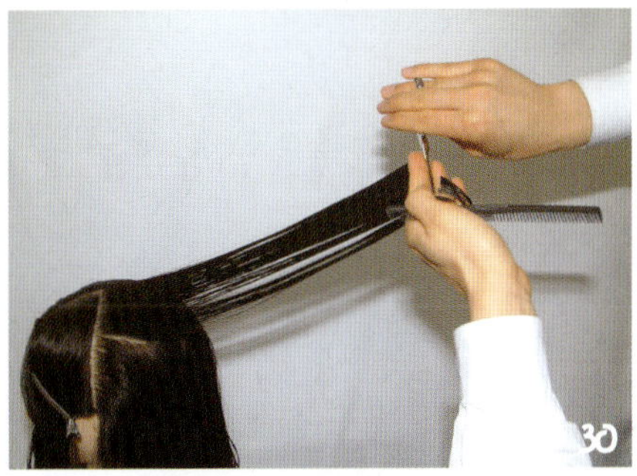
30

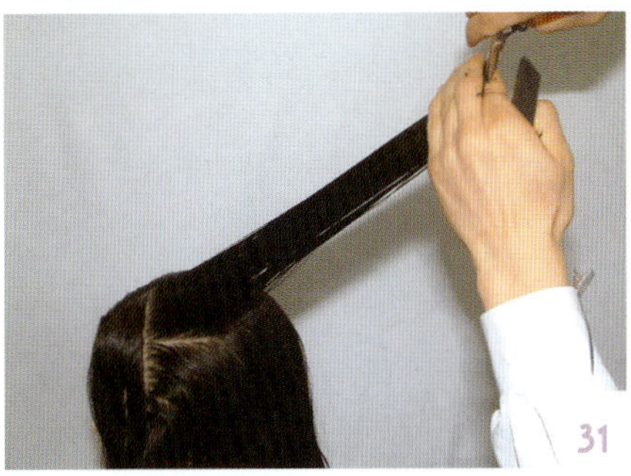
31

32

33

34

⑩ Blow dry하고 texurizing한 후 완성된 모습

4. Applicated Layer Ⅱ (Medium Round Layer)

1) Structure & Section

2) Procedure

① One-length cut로 convex out-line을 형성한다.

시술자가 최대한 편한 위치에서 작업에 용이하도록 head position이나 body position을 옆으로 약간 숙이도록 한다.

② 다시 layer를 줄 것이기 때문에 단차가 생겨도 무방하므로 손으로 잡고 cut한다.

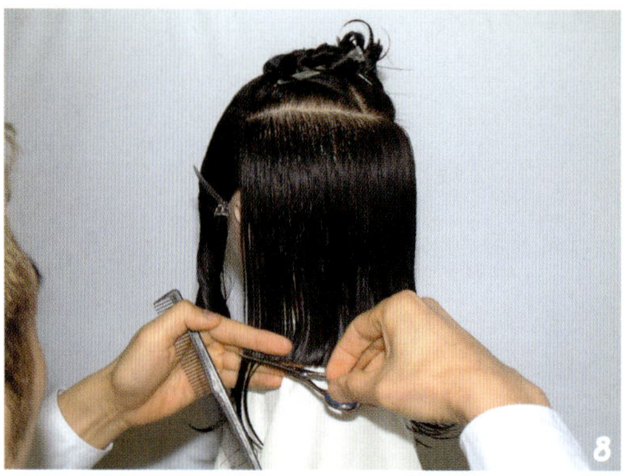

③ Top 부분

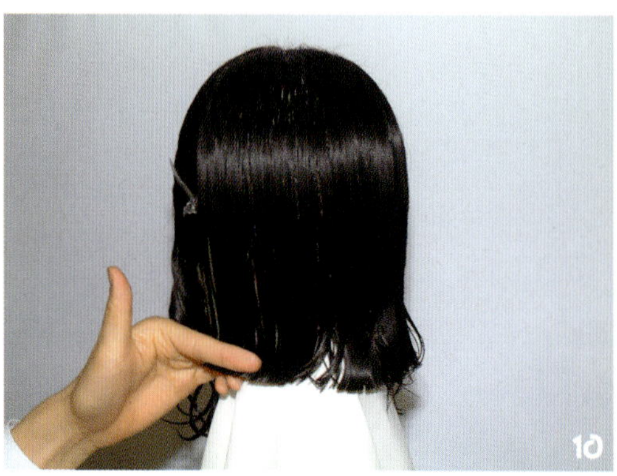

④ Side 부분

시술자가 최대한 편한 위치에서 작업에 용이하도록 head position이나 body position을 옆으로 약간 숙여서 진행한다.

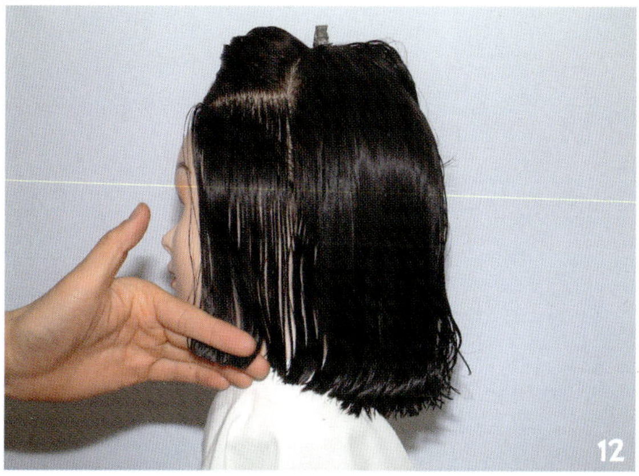

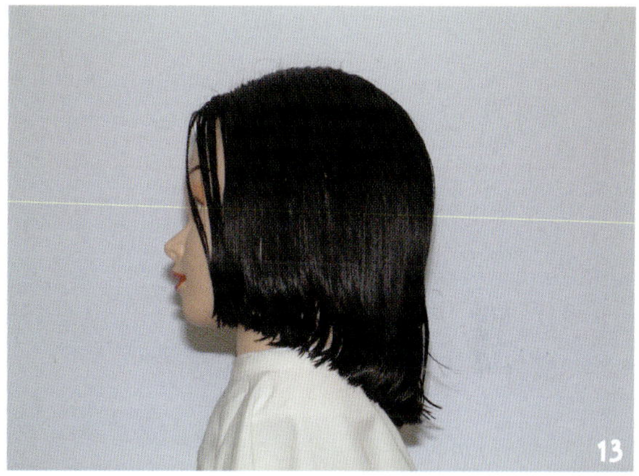

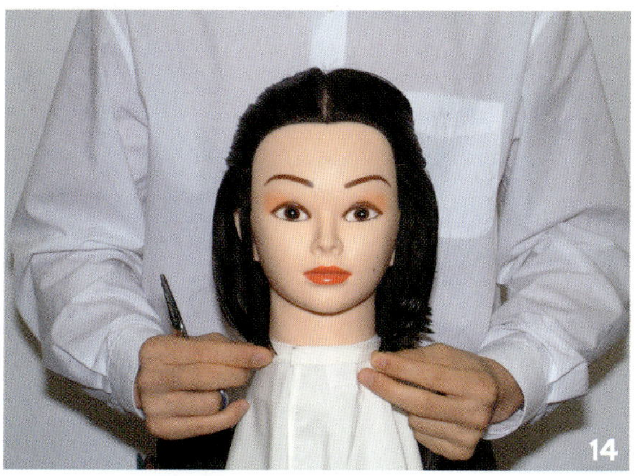

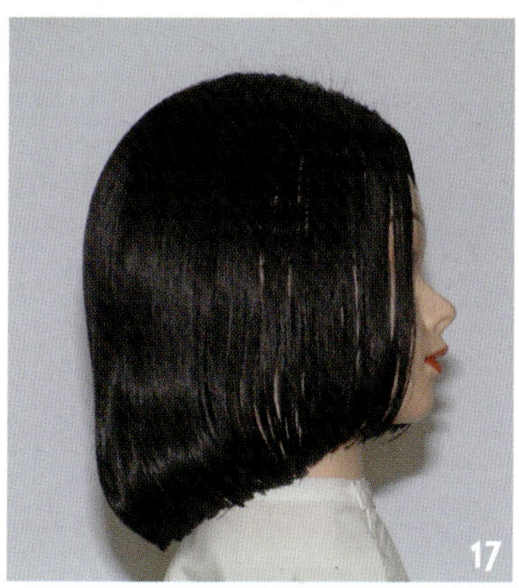

⑤ Face line을 형성하기 위해 ear to ear part를 나눈 후 side의 모발을 앞으로 over direction하여 forward graduation을 준다.

이때 head position은 반대 방향으로 조금 젖힌다.

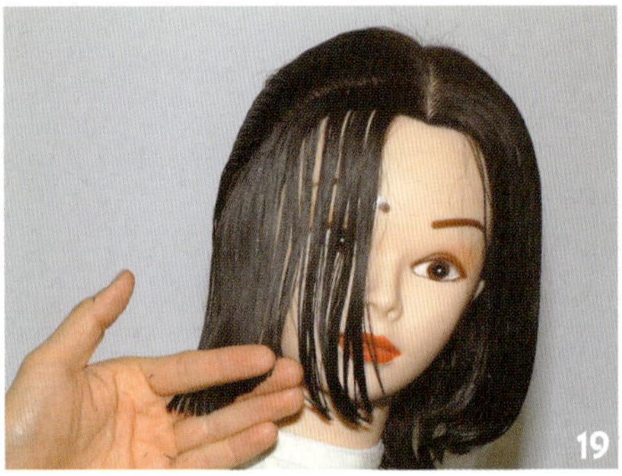

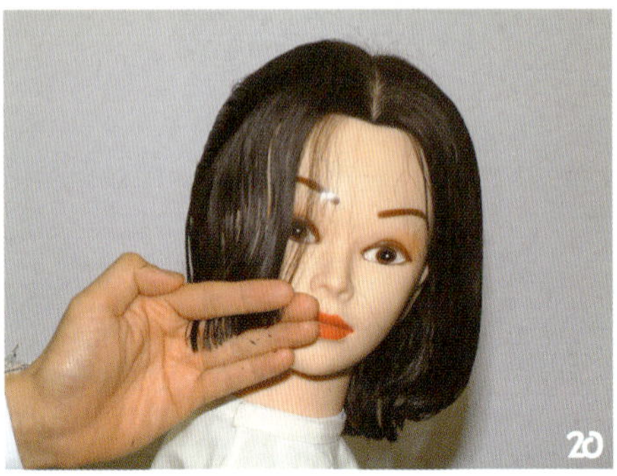

⑥ 15~20°로 빗질해서 line을 형성하고 두피에서 약 45°로 들어 층을 낸다. 나머지 section들은 점점 elevation되어 top에서는 약 90°를 유지하게 된다.

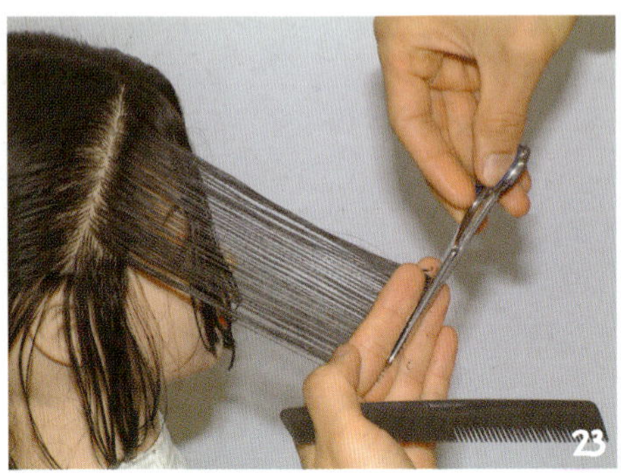

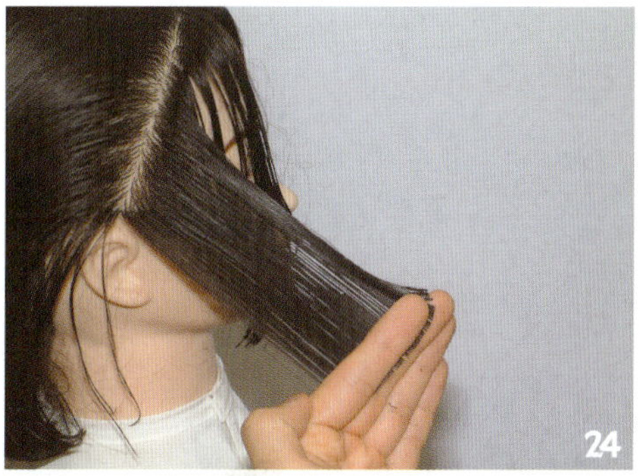
24

25

26

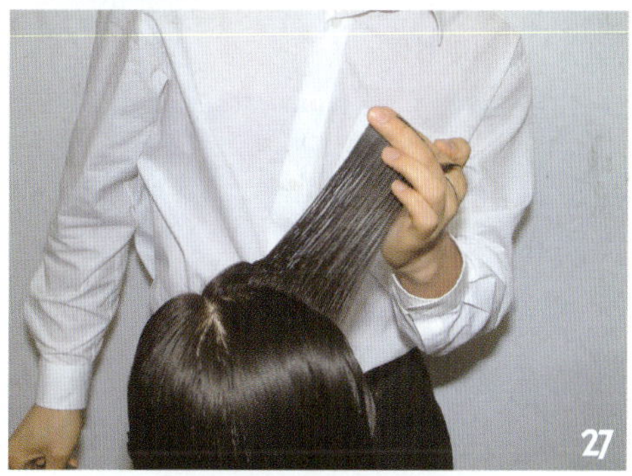
27

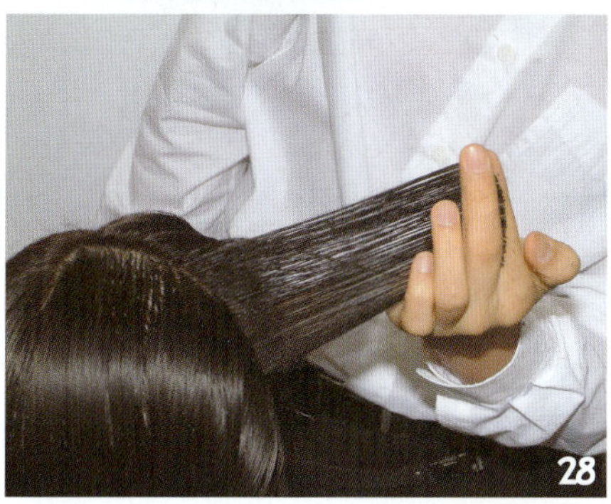
28

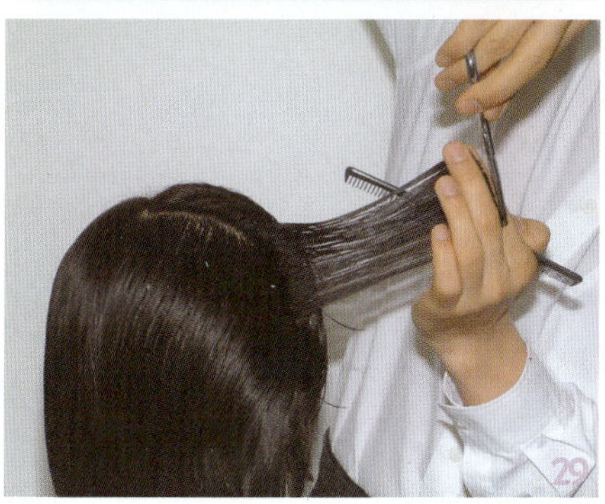
29

30

⑦ 같은 방법으로 반대쪽을 cut한다.

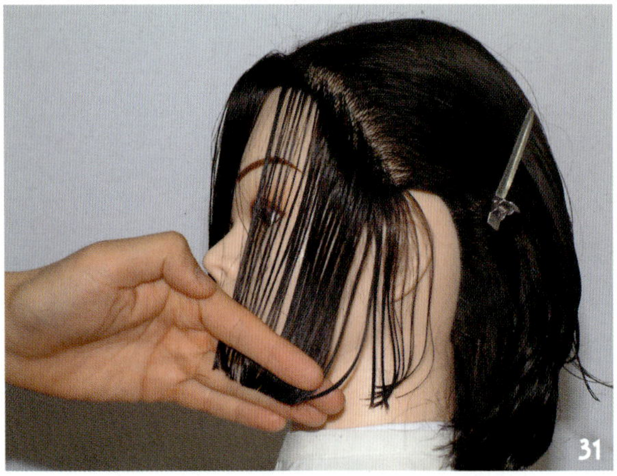
31

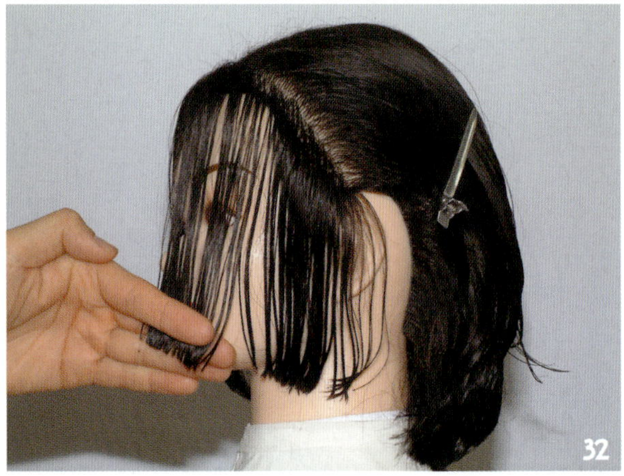
32

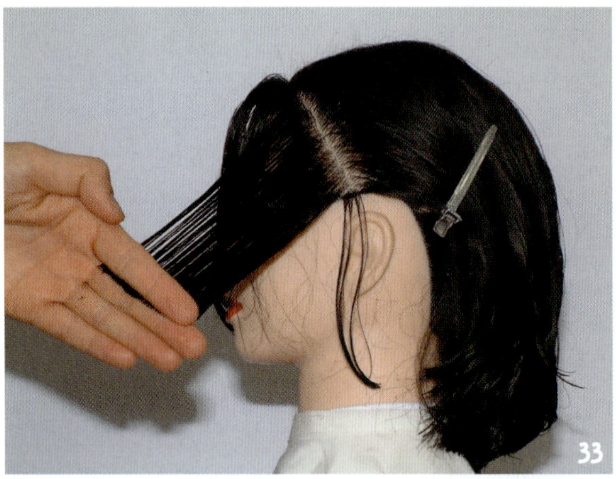
33

34

35

36

37

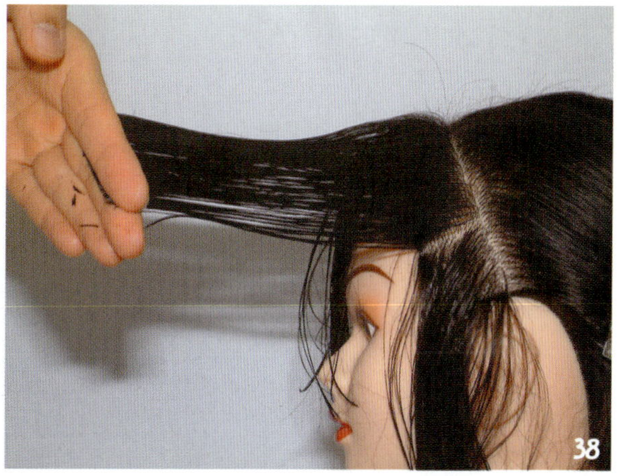
38

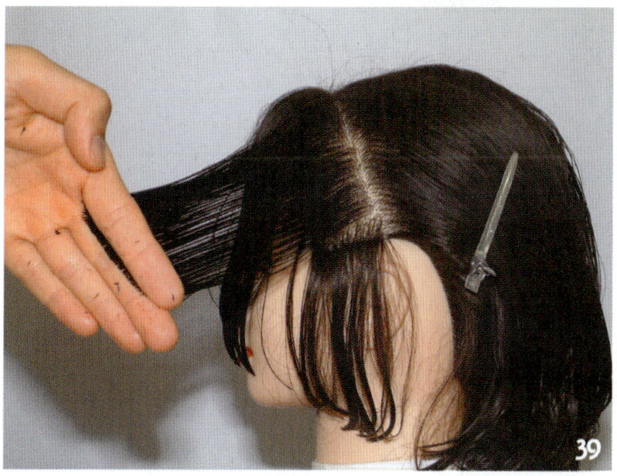
39

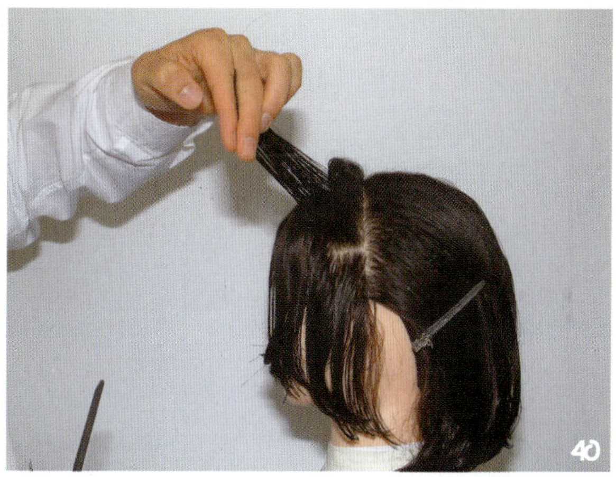
40

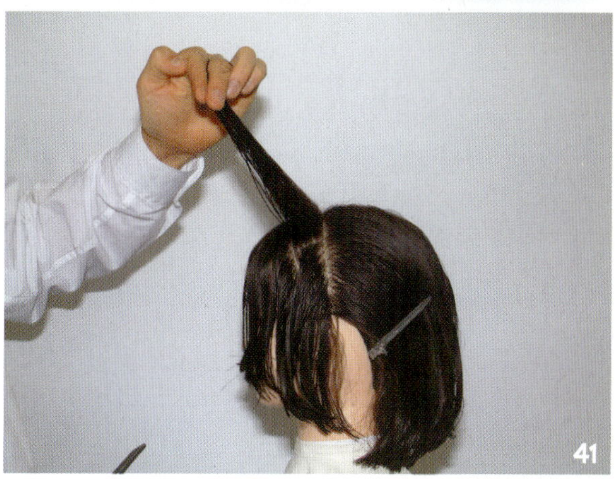
41

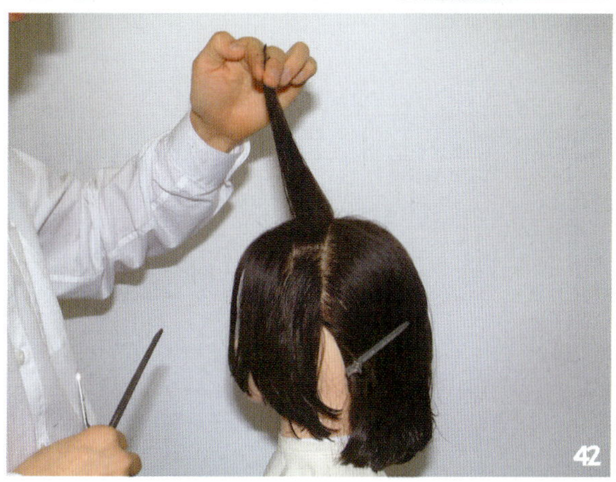
42

⑧ 좌측, 우측 E.B.P까지 진행한 후 center part 부분을 좌, 우 같이 잡아 top 부분을 cross check하면서 삼각형 corner를 제거한다.

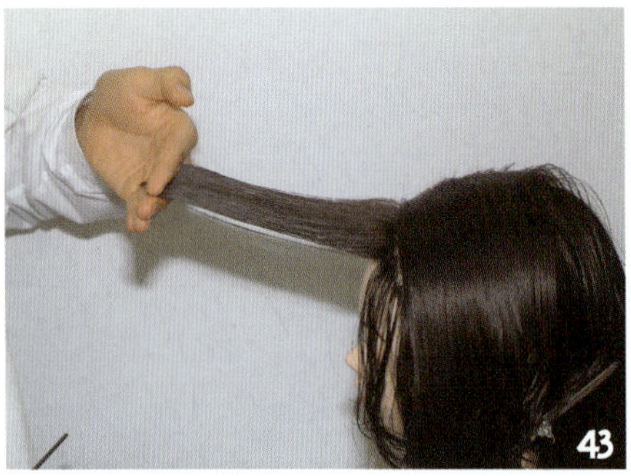

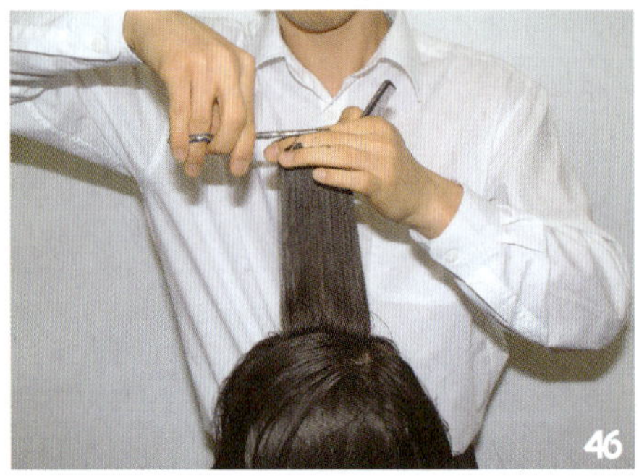

⑨ Top의 guide를 가져와 top에서 nape로 연결되는 back 부분의 중심 guide line을 만든다. pivot section으로 중심이 직각이 되게 on the base로 cut하면서 옆으로 진행한다. Side와 back은 E.B.P point에서 만나게 된다.

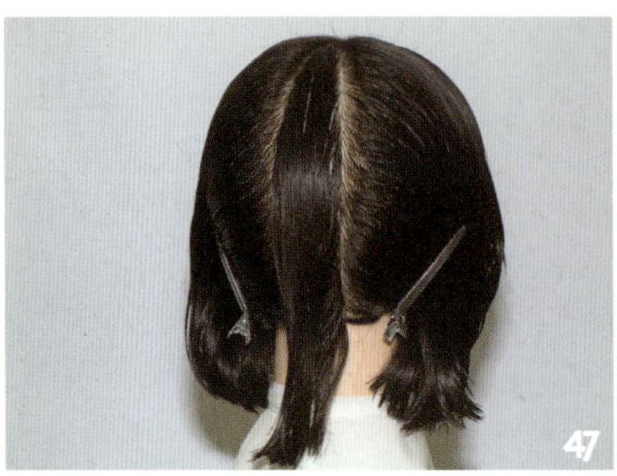

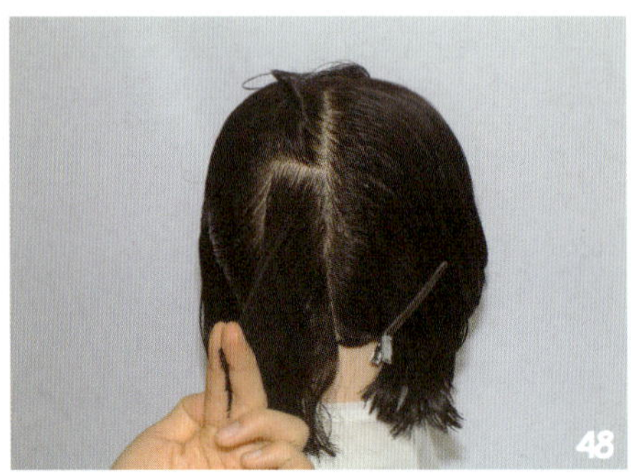

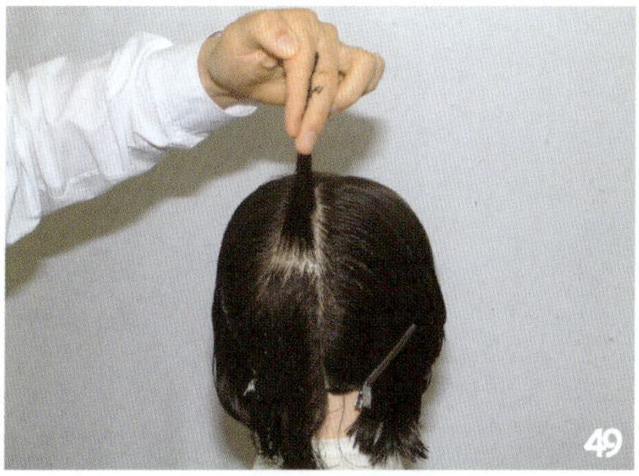
49

50

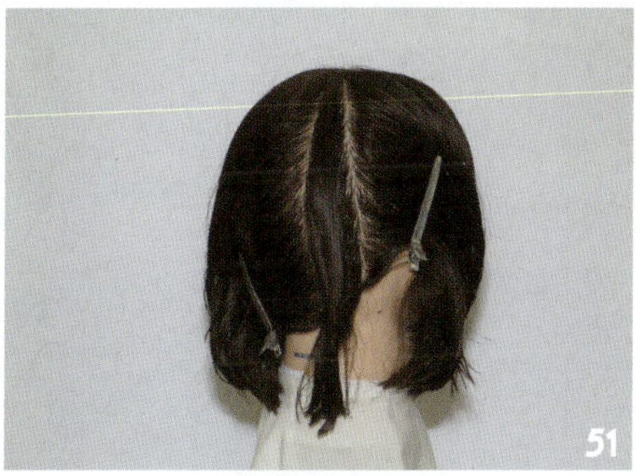
51

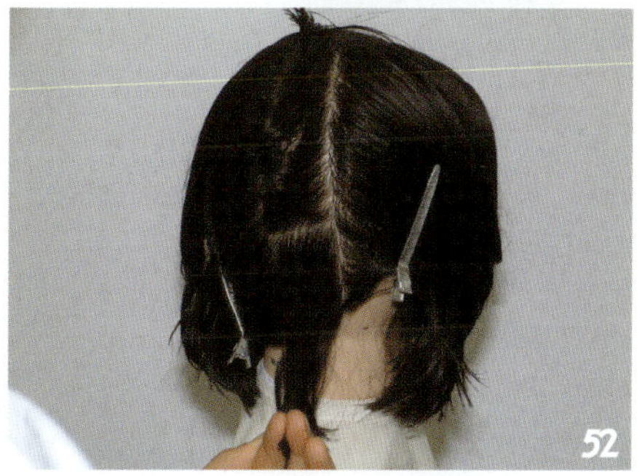
52

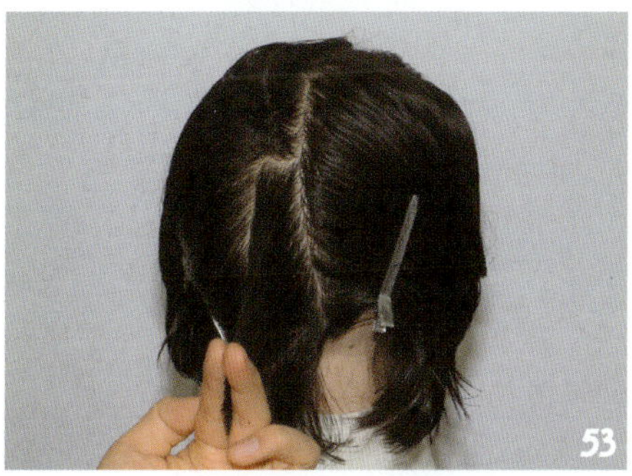
53

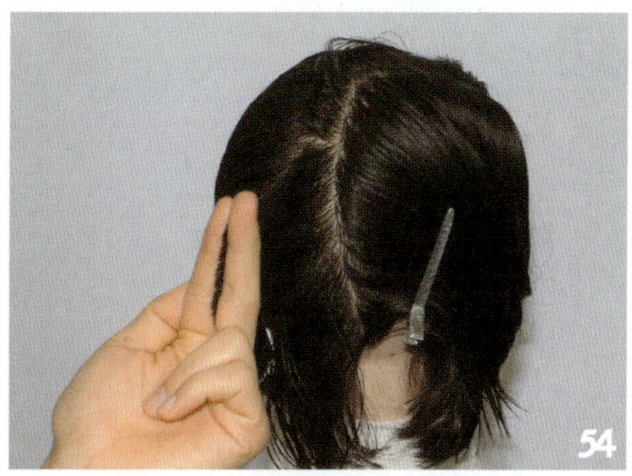
54

55

56

⑩ 같은 방법으로 반대쪽을 cut한다.

57

58

59

⑪ Cross check : round layer를 check할 때 horizontal 또는 diagonal section을 사용할 수 있다.

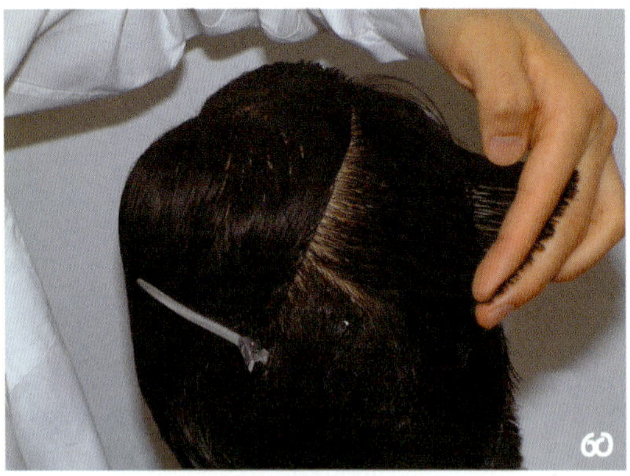
60

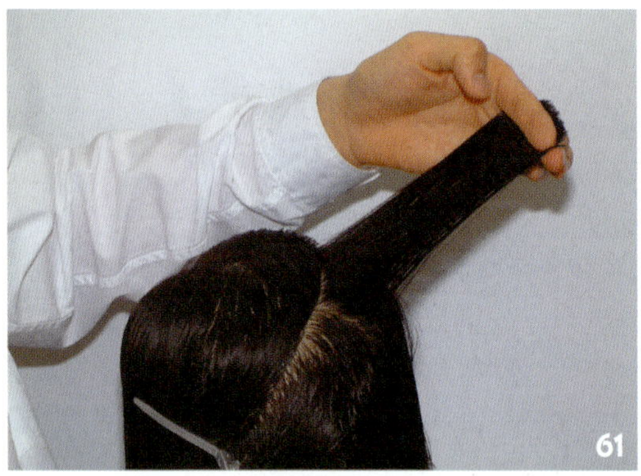
61

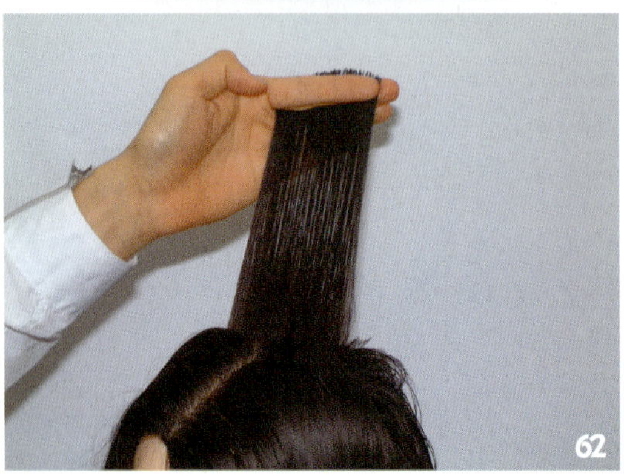
62

63

⑫ Blow Dry

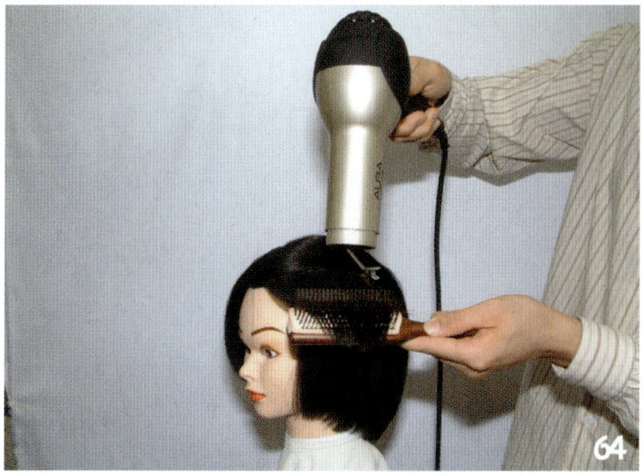

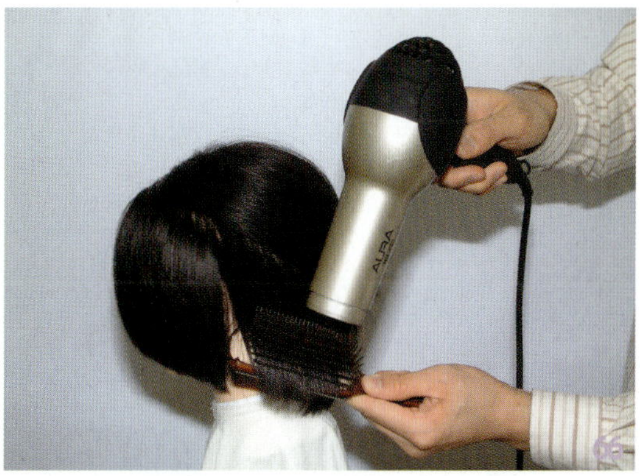

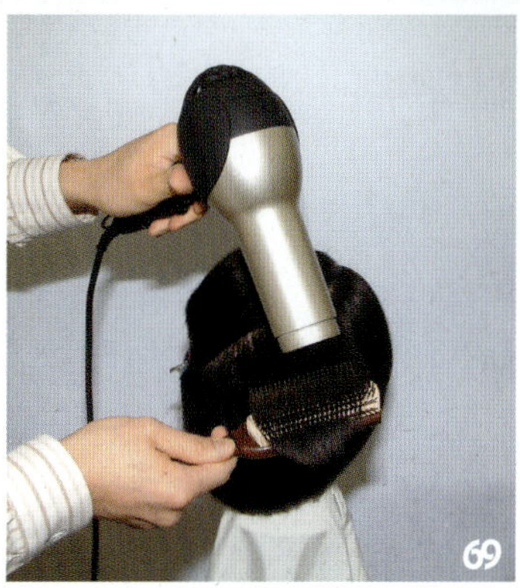

⑬ Texurizing

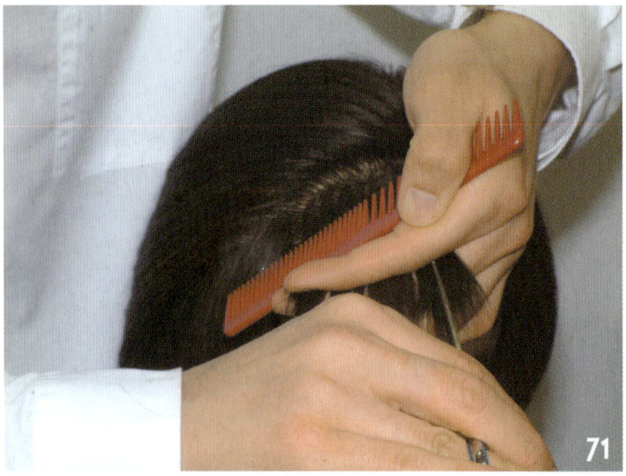

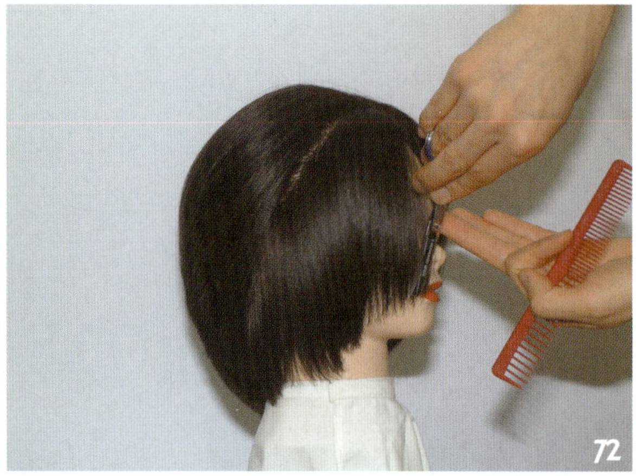

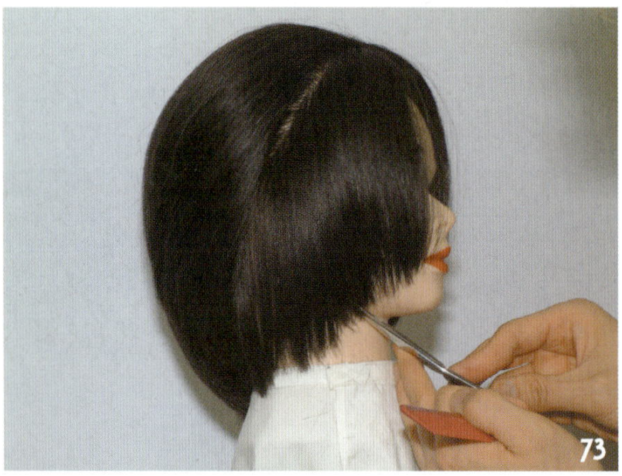

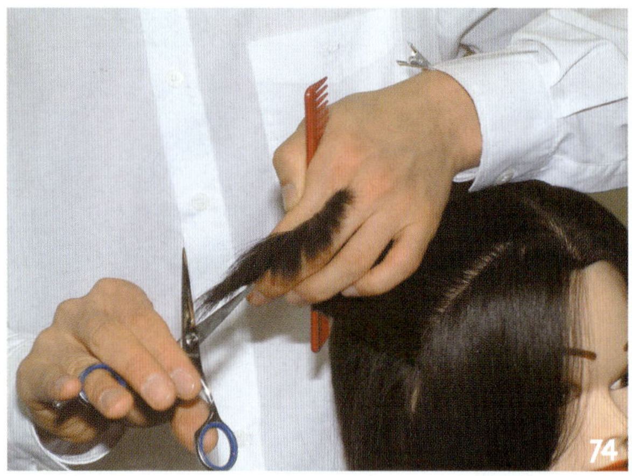

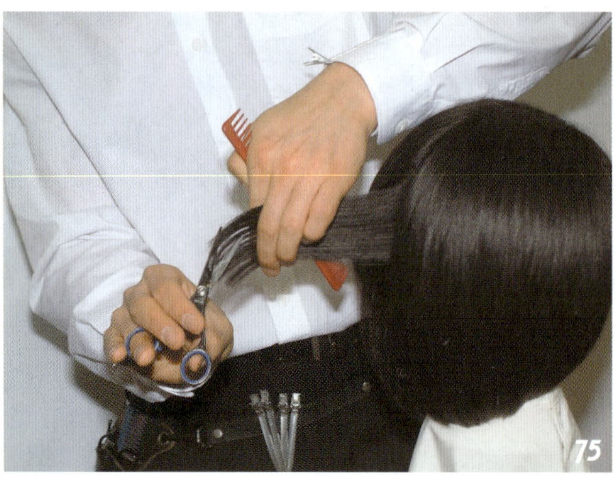

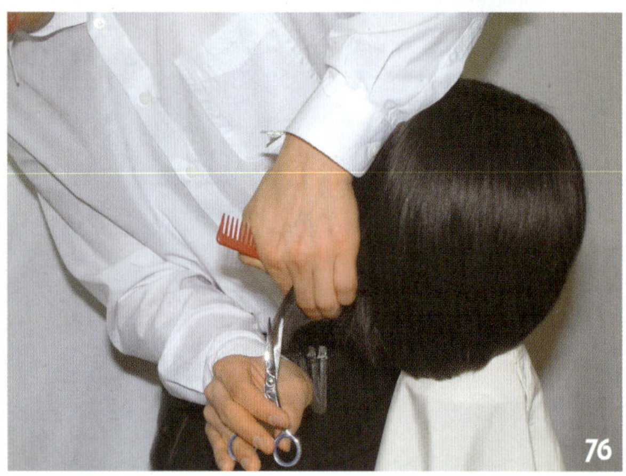

⑭ 완성 모습

77

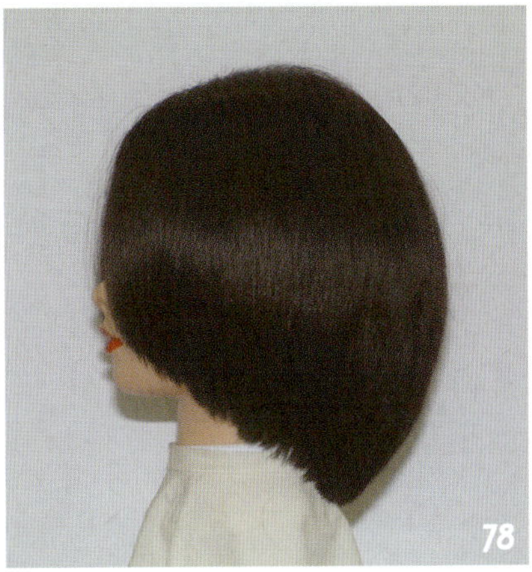

78

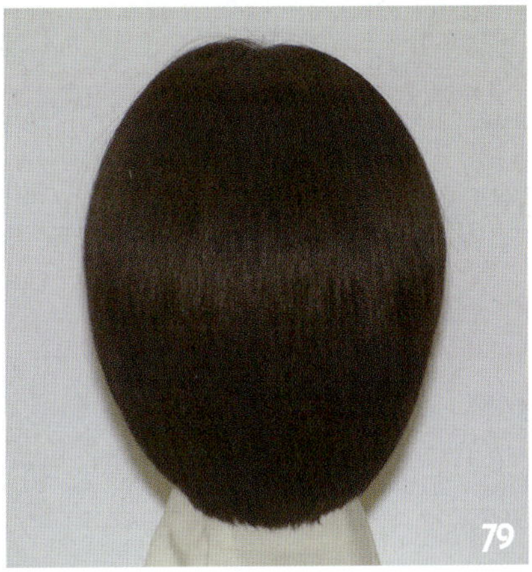

79

5. Applicated Layer III (Short Square Layer)

1) Structure & Section

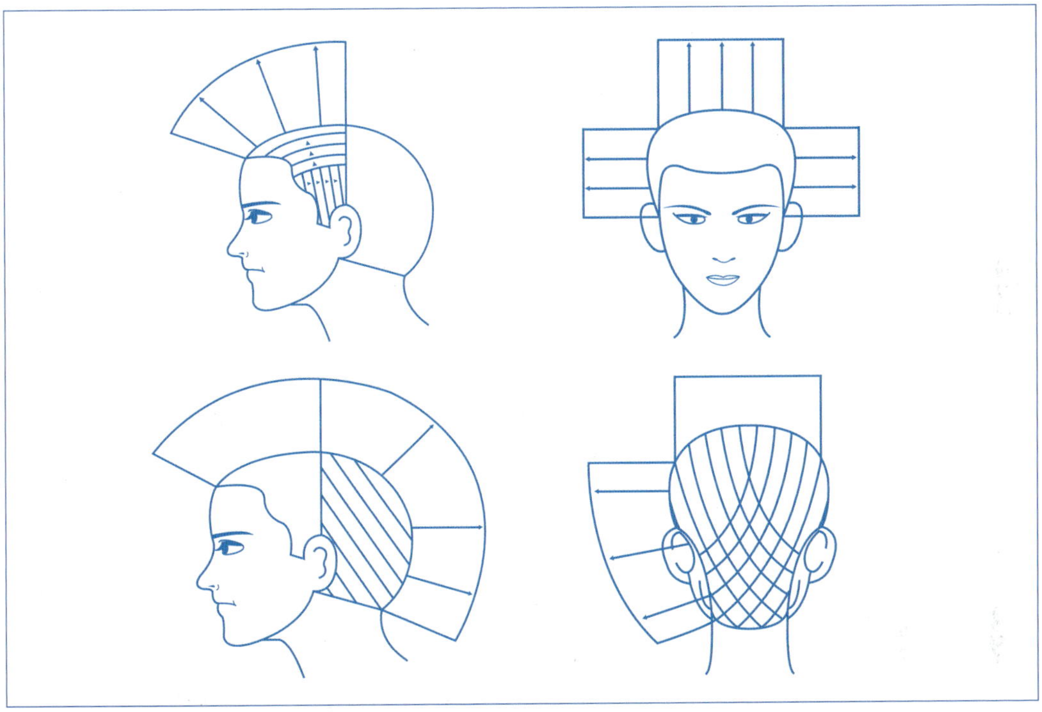

2) Procedure

① Blocking : G.P ~ E.B.P

② C.P~G.P까지 1cm 정도의 vertical section으로 guide를 정한다. 두피 각도를 90°로 진행하되 앞이 조금 더 짧게끔 guide를 정한다. Pointing 기법을 통해 soft한 느낌을 더한다.

옆으로 진행해 가면서 back to the previous section함으로써 정면에서 봤을 때 top 부분에 square shape이 유지되도록 하면서 temple area까지 진행한다.

2

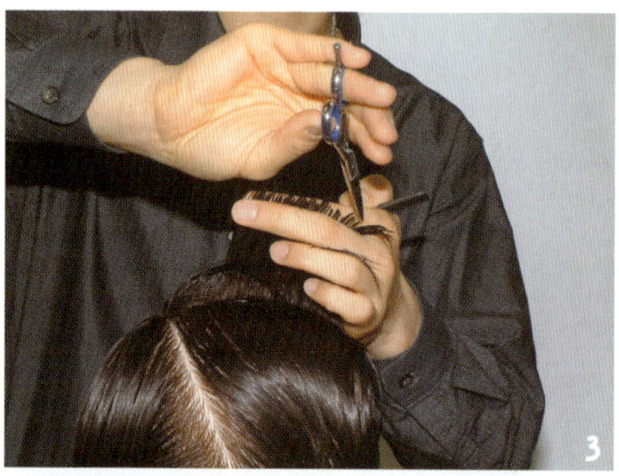

3

4

5

6

③ 같은 방법으로 반대쪽을 cut한다.

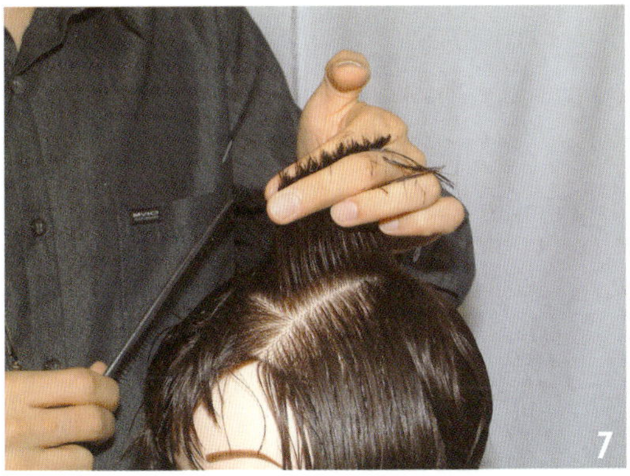

④ Top에서부터 horizontal section으로 square shape이 맞는지 cross check한다.

⑤ Side의 guide를 결정하기 위해 E.P 부분의 1cm 가량을 vertical로 cut한다.

(반드시 top의 guide에 의존해서 길이를 결정할 필요는 없다.)

E.P의 앞부분에서는 거의 straight out(on the base)으로 vertical cut을 진행한다. E.P의 뒷부분에서도 거의 straight out(on the base)으로 vertical cut을 진행한다.

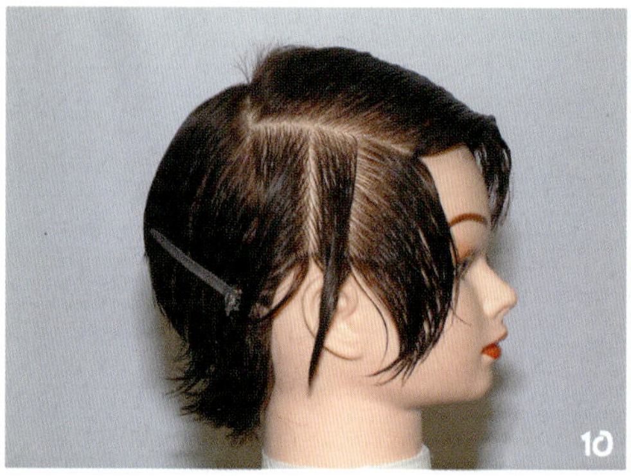

⑥ 같은 방법으로 반대쪽을 cut한다.

⑦ Temple area 부분에 corner가 생긴 모습

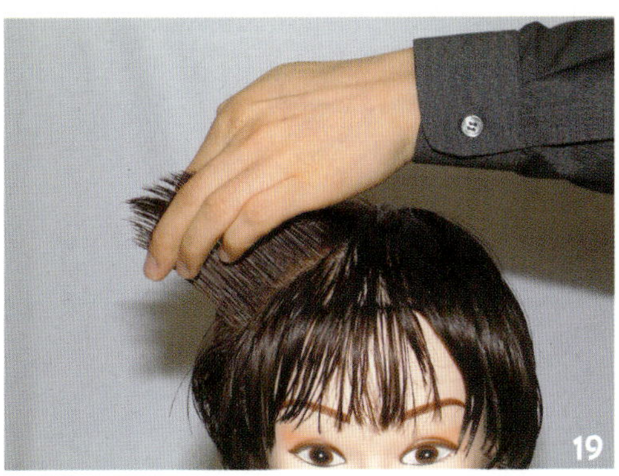

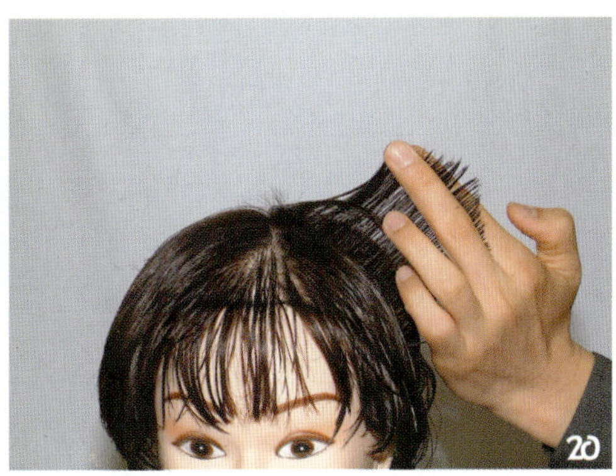

⑧ Side의 guide를 가져와서 high diagonal section(high round graduation technique이라고도 한다. vertical에 가까운 diagonal section)으로 진행한다. 각도는 두피 각도 90°보다 조금 낮춘 각도로 계속 진행한다. Crown 부분에 모발을 쌓아 volume감을 유지하기 위해서이다.

21

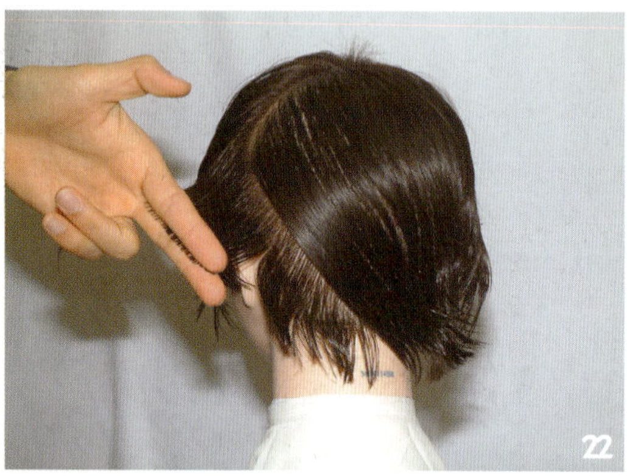

22

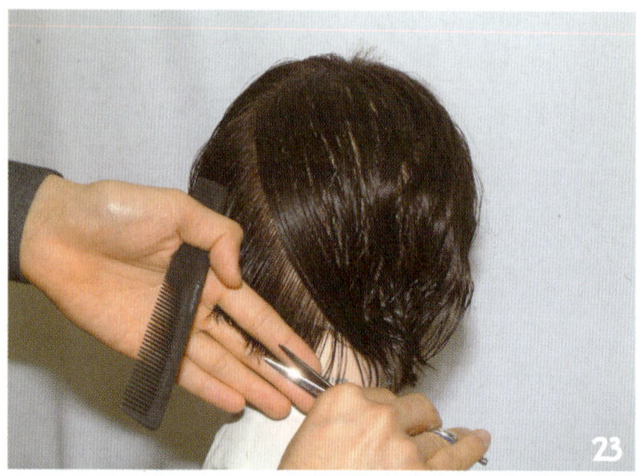

23

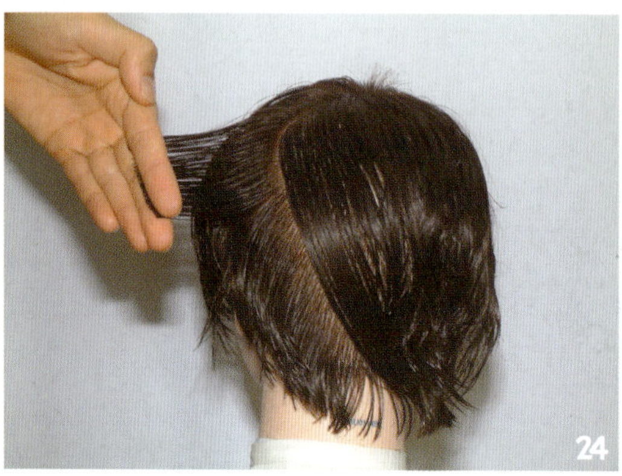

24

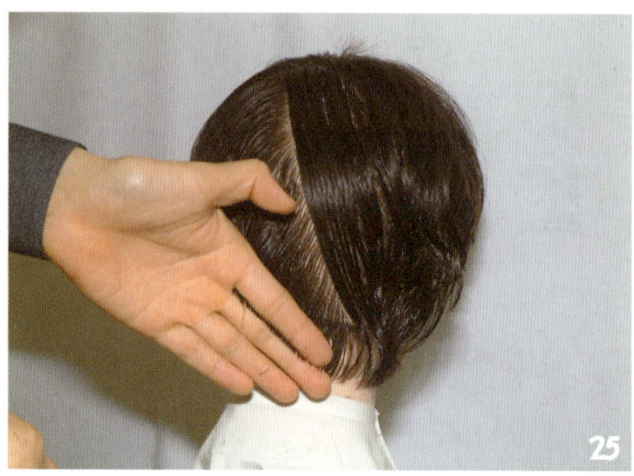

25

⑨ 같은 방법으로 반대쪽을 cut한다.

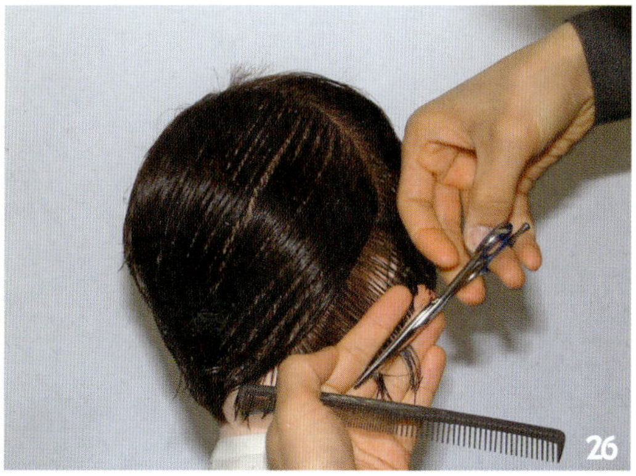

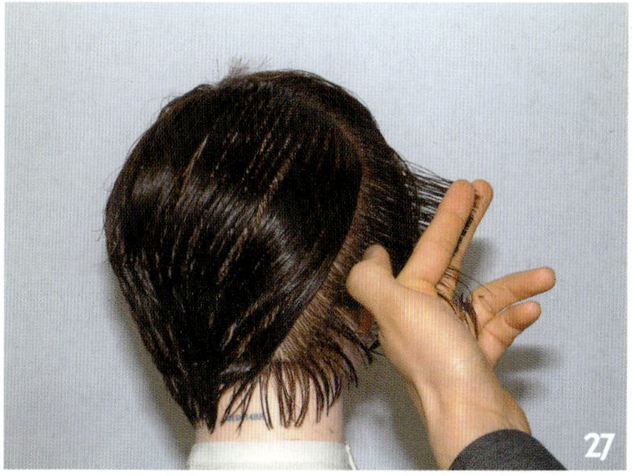

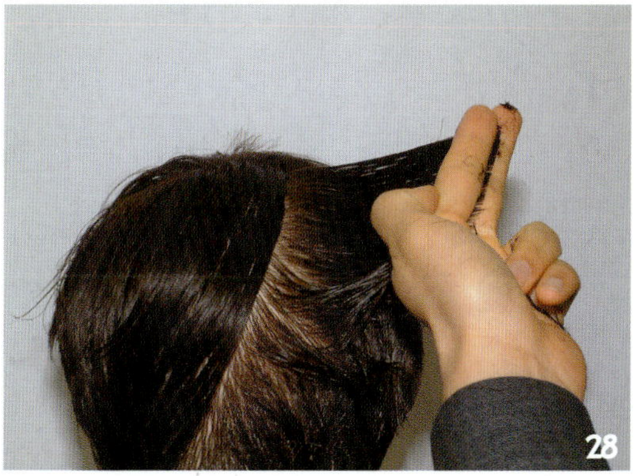

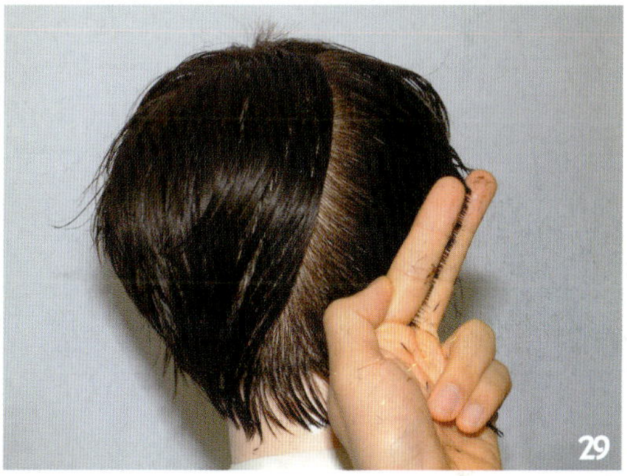

⑩ Cross check한다.

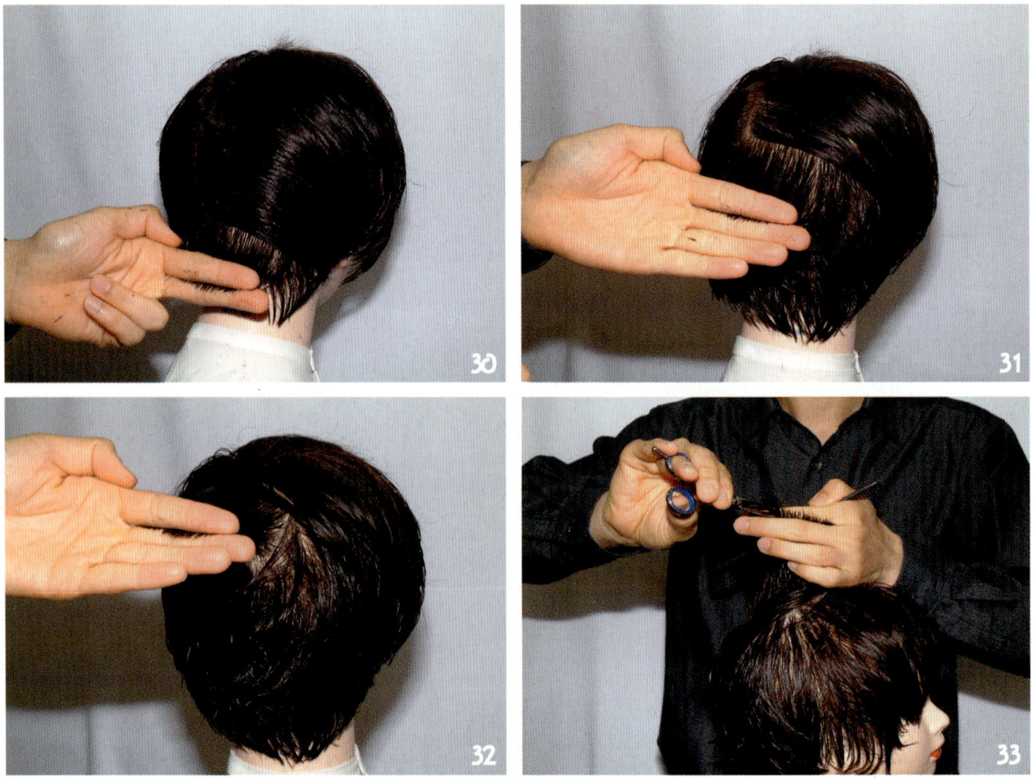

⑪ 뿌리 부분에 바람을 쐬어 물기를 말리되 자연스러운 '자연 volume감' 만 주도록 hand dry한다.

⑫ Texurizing

기존 cut에 비해 pointing을 너무 가볍게 하지 않는다. pointing 이후에 twist 기법으로 뿌리 부분에 다시 질감 처리를 할 것이기 때문이다. 모발이 짧을 때 pointing은 빗을 이용해 모발을 들어올리면서 할 수 있다.

Twist 기법은 모발을 1㎠ 정도로 꼬아 뿌리 부분부터 slicing하여 모발 끝의 무게감은 다소 유지하면서 뿌리 부분에 volume감을 주기 위한 것이다.

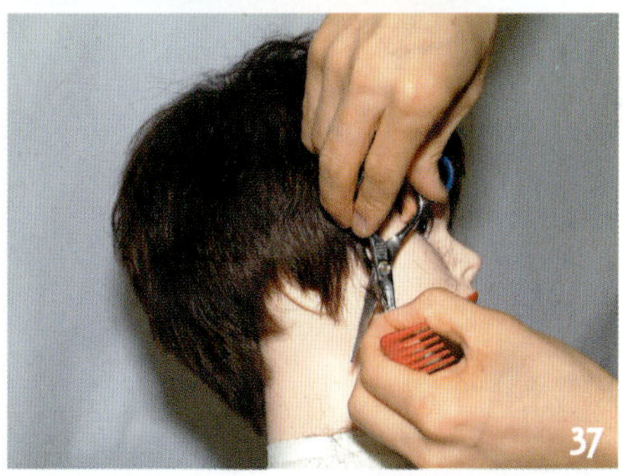

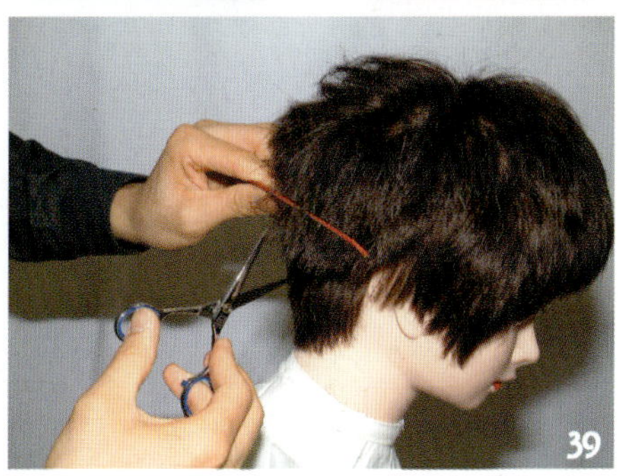

⑬ 완성 모습

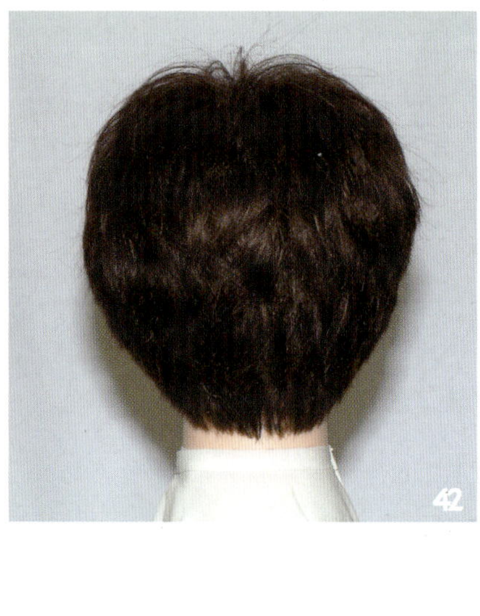

⑭ Styling한 모습

43

44

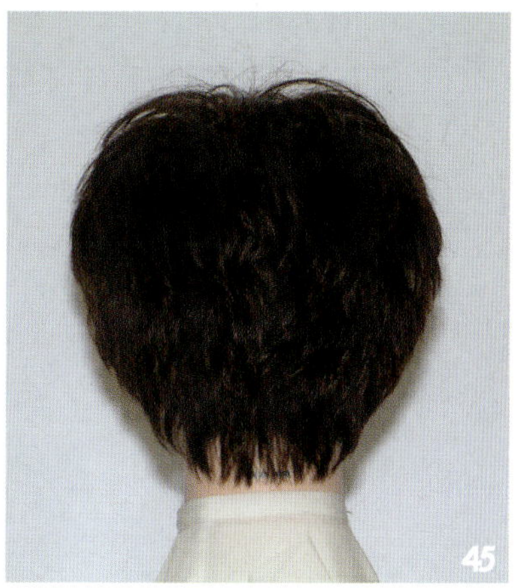

45

chapter

7. Combination Form

1. Combination Overview

1) 다양한 Combination Design

다양하고 세련된 cut을 하기 위해서는 한 가지 종류의 cut 방법만을 이용하는 것보다는 두 종류 이상의 cut형을 혼합하는 것이 효과적이다.

2) Men's Hair Cut Design

Hair cut의 기본형(one-length, graduation, layer)은 남성 hair design에서도 반복된다. 그러나 남성 cut은 일반적으로 한 가지 이상의 형태, 즉 혼합형(combination)으로 구성되어 있다.

대부분의 cut style은 원하는 모양과 질감을 만들어내기 위해 하나의 구성 부분 내에 두 개 또는 그 이상의 기본 구조가 들어 있는 혼합형이다. 직선 혹은 사각형은 남성 커트에서 가장 많이 쓰이는 혼합형이다. 직선 및 무게의 집중은 남성적인 모양을 만들어낸다. 현재는 이러한 고전적인 square design과 함께 최신 경향이나 개인 취향을 반영하여 곡선(curved line)의 형태도 많이 쓰이고 있다.

남성 hair design에 있어서 중요한 것은 hair line으로서, 종종 전체가 드러나거나 부분적으로 노출이 된다. 이러한 이유로 반드시 design에 hair line의 성장 pattern을 참조하여 시술해야 한다. 특히 hair line 부분 중에서도 nape hair line이 중요한데, 이 부분은 일반적으로 hair가 짧게 자라는 부분으로서 목선의 굵기에 따라 좀 더 네모난 형태(square form)로 cut되어야 한다. 또 중요한 곳으로 front hair line이 있다. 이 부분은 종종 hair가 안쪽으로 벗겨지는 경우가 많다. 또한 남성적 image의 hair design은 구레나룻(side-burns)의 길이와 모양이 고려되어야 한다.

3) Men's Hair Cut Techniques
: Over comb techniques

이 기법은 design의 모든 hair style에서 short style로 cut할 때 이용하는 techniques이다. 이는 comb과 cutting 도구가 동시에 이용된다. Comb은 hair를 조절하고, 도구인 가위(scissors)나 clipper는 빗살 사이로 빠져 나온 hair strand를 cut한다.

① Scissors-over-comb

빗살 사이로 빠져 나온 hair strand를 cut하기 위해서는 가위날을 빗살에 평행하게 한 후, 양손(빗살을 쥔 왼손과 가위를 쥔 오른손)을 계속 반복하여 동시에 움직이면서 head level에 단계적으로 elevation한다.

② Clipper-over-comb

Hair를 up combing(elevated)하여 빗과 같은 위치에서 잡는다. clipper는 빗살 위에 대고 빗은 수직, 수평 혹은 대각으로 놓을 수 있다. Clipper-over-comb 기법을 이용하면 designer가 두피에 아주 가까이 대고 hair를 cut하거나 또는 top 부분의 'flat top' cut을 할 수 있다.

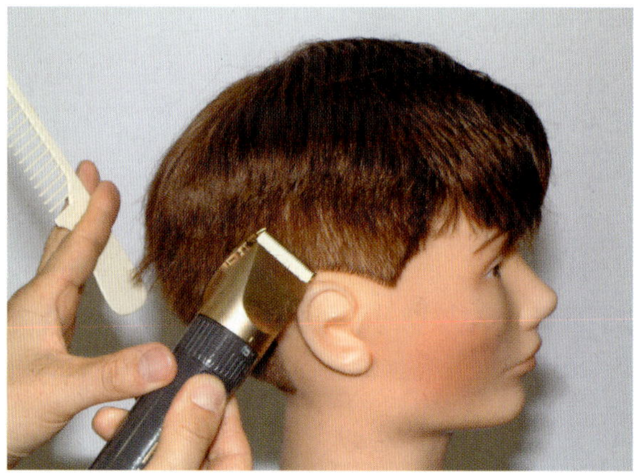

③ 빗동작 조절(comb control)

Over comb techniques 기법을 이용해 cutting 시에 사용된다. 다양한 모양과 크기의 빗이 모량(hair density)를 조절하는 데 이용된다.

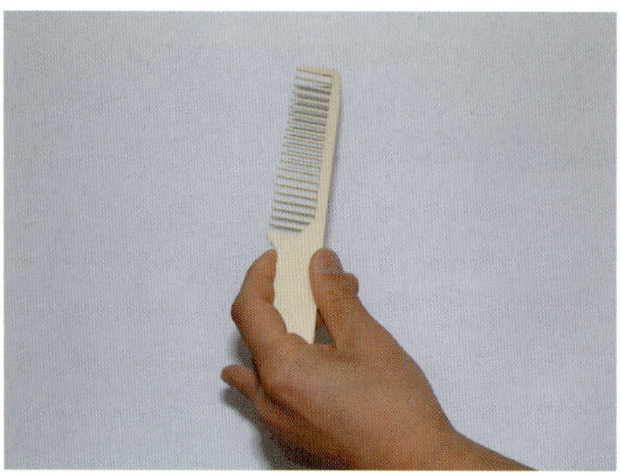

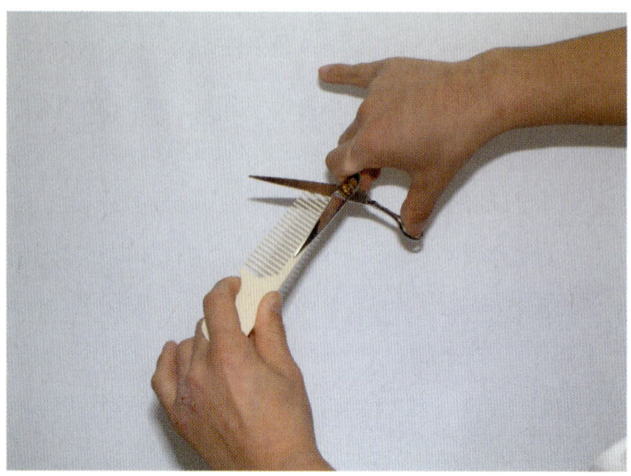

④ thinning 가위로 다듬기(thinning shear-over-comb)

Thinning 기법은 숱이 많은 hair를 솎아내고 모량을 흐트러지게 하기 위해 종종 사용되며, thinning scissors 동작을 부드럽고 신속하게 하여 모발 끝을 연결시켜준다.

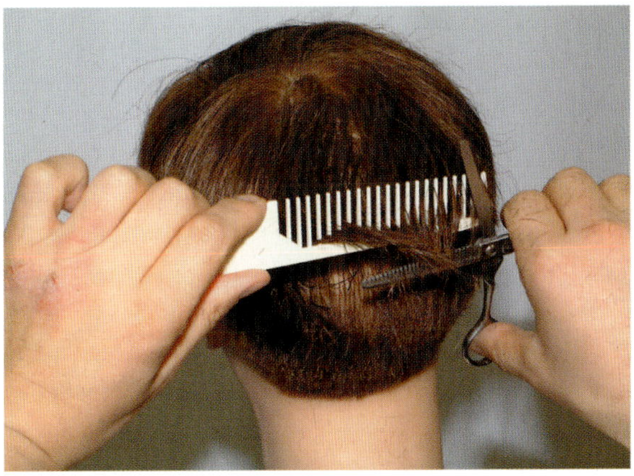

⑤ 가장자리 hair line 다듬기 (refining the perimeter)

Hair line인 outline을 다듬기(trimming) 위해서 행하는 technique이다.

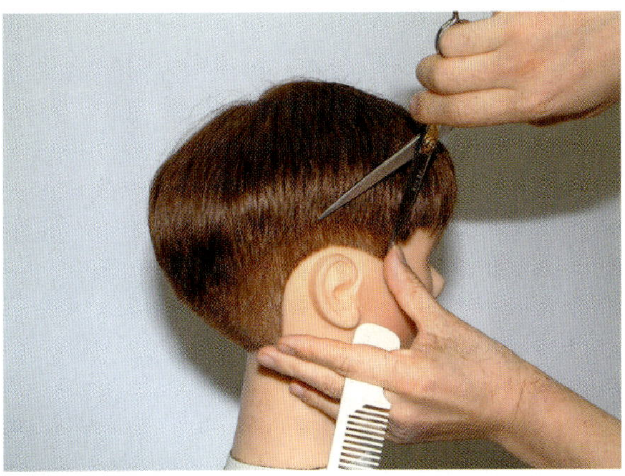

2. Combination Ⅰ

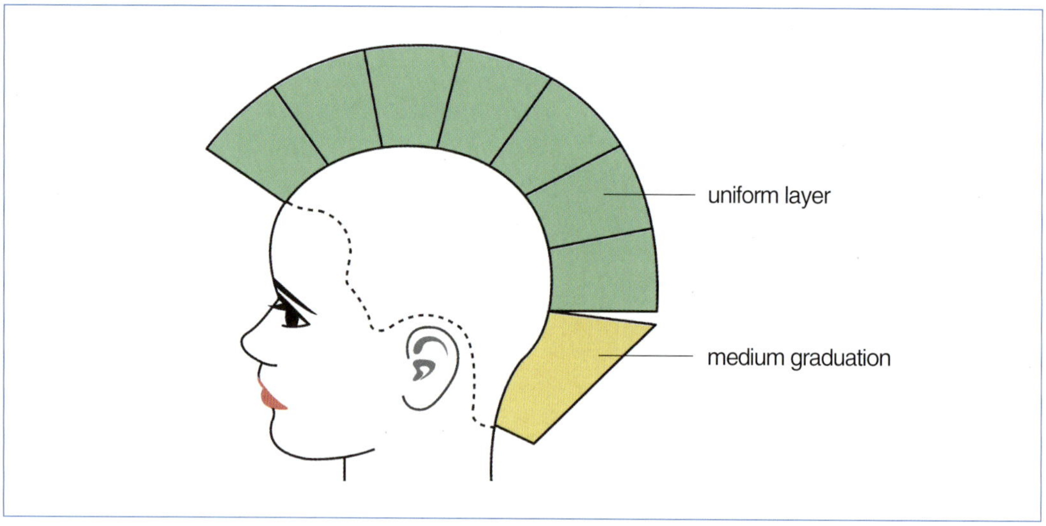

① Blocking : G.P~E.B.P까지 앞뒤를 나눈다.

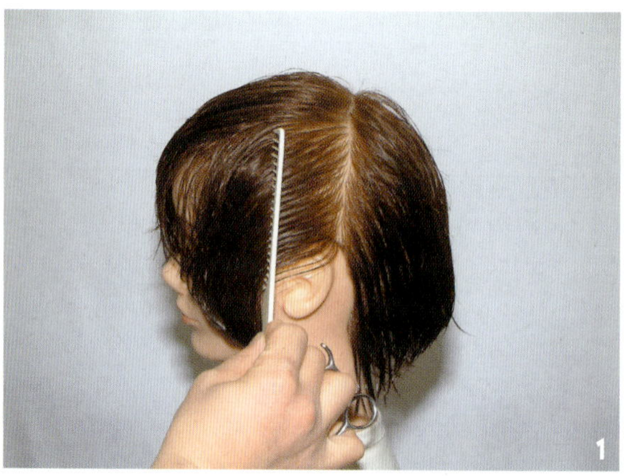

② Top의 길이를 정한다.

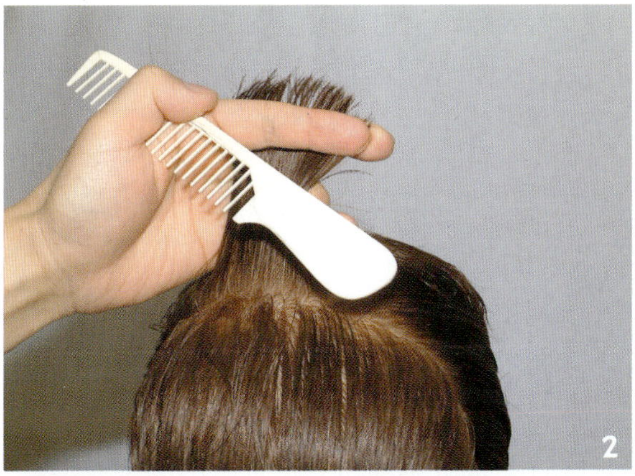

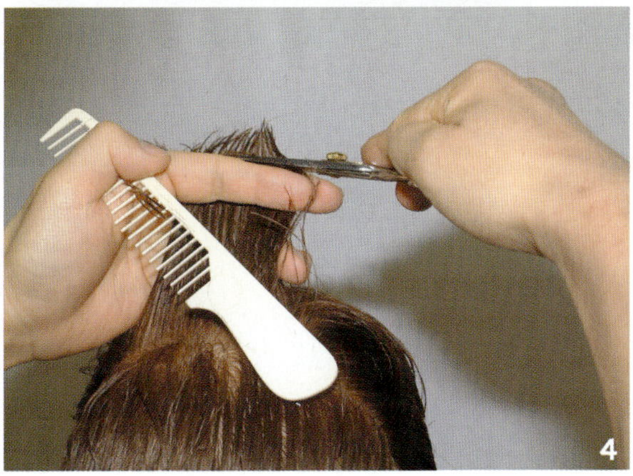

③ 긴 모발을 pre-cut(거칠게 깎기)한다. Hair length는 너무 짧지 않게 설정하며, 숱이 많고 곱슬인 경우에는 thinning을 먼저 해서 부드럽게 처리할 수 있다. Nape부터 시작해서 back, side의 순서로 이미 cut된 부분을 확인하면서 whorl을 향해 약간 둥글게 진행한 후 가장자리를 다듬는다.

6

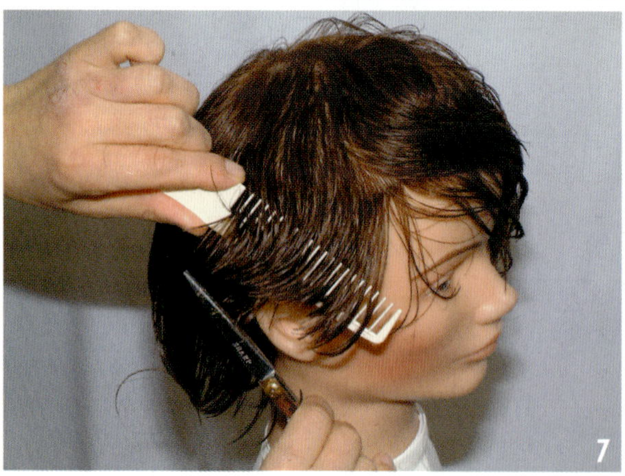

7

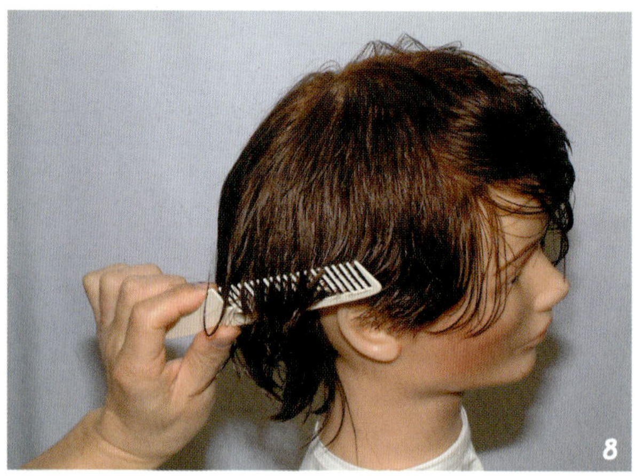

8

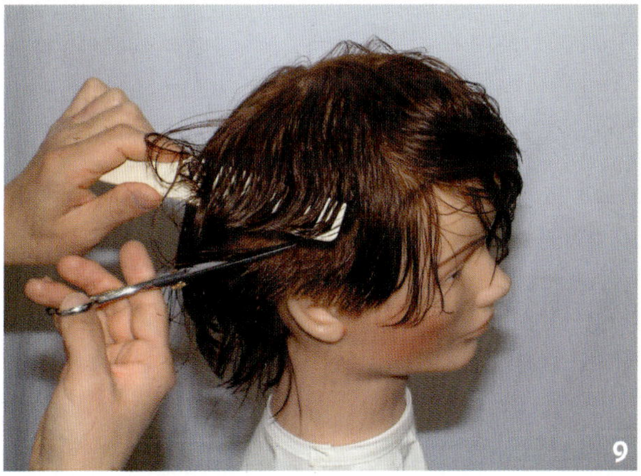
9

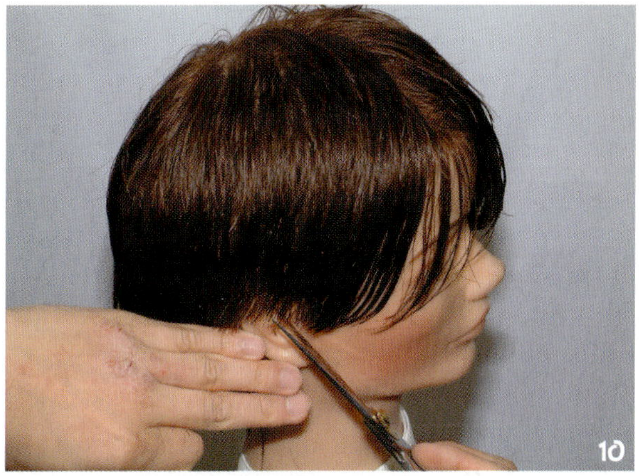
10

11

12

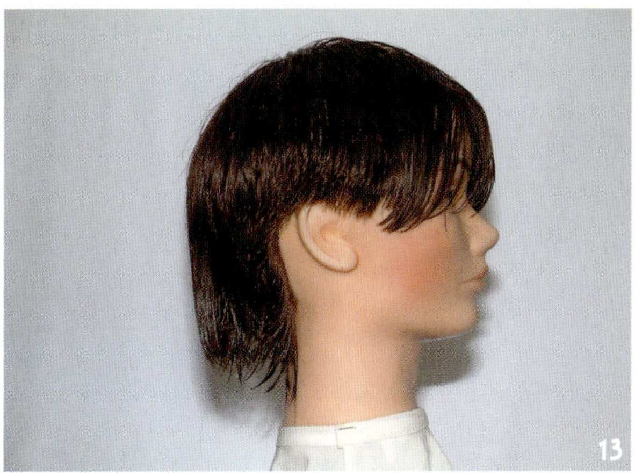
13

14

④ Face line에는 가벼운 느낌을 연출해 준다.

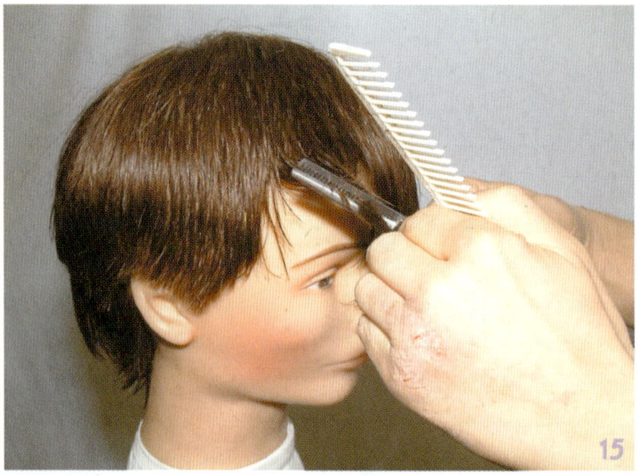

15

16

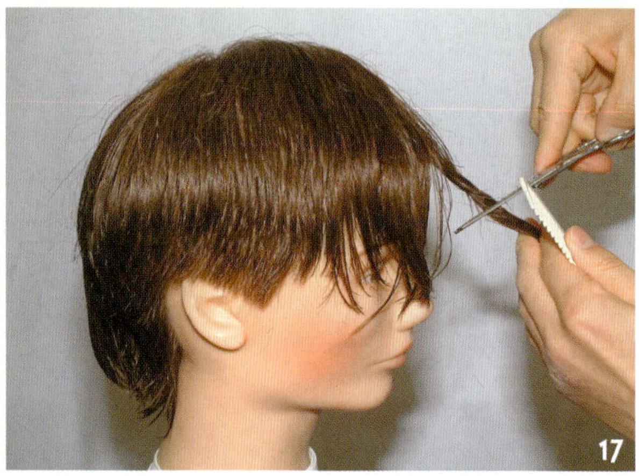

17

⑤ Nape와 side 부분을 scissors-over-comb 기법으로 shingling해서 top과 연결한다. Shingling할 때는 빗을 들어서 반드시 아래 section이 보이는 상태에서 cut을 함으로써 자연스러운 연결이 되도록 한다.

18

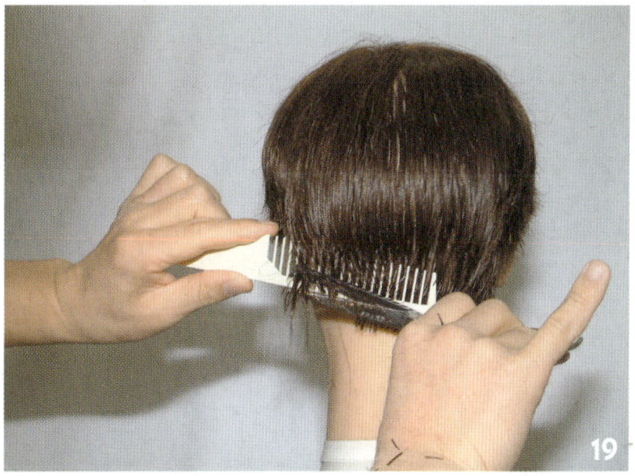

19

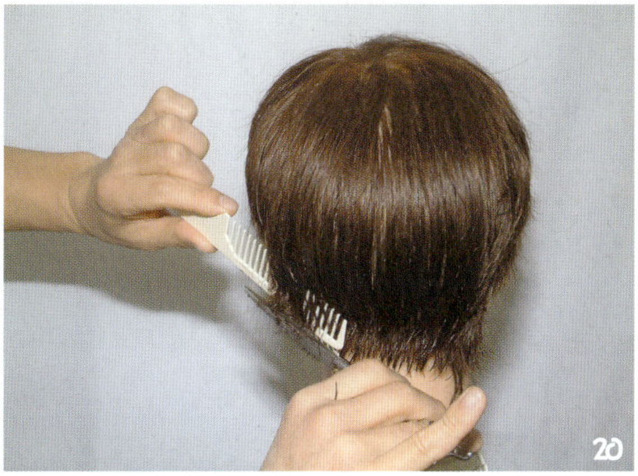

20

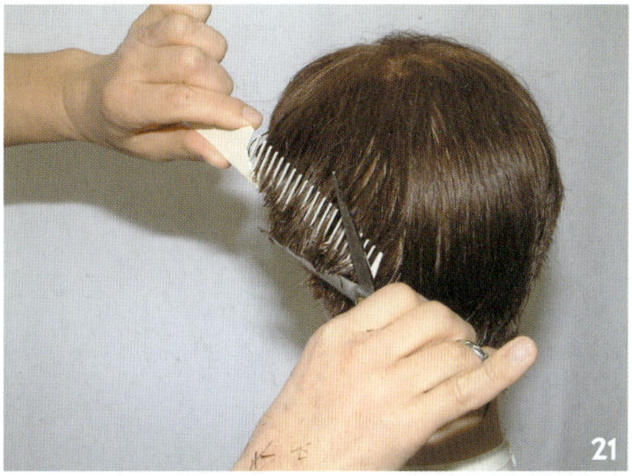

21

22

⑥ 가장 자리를 다듬는다.

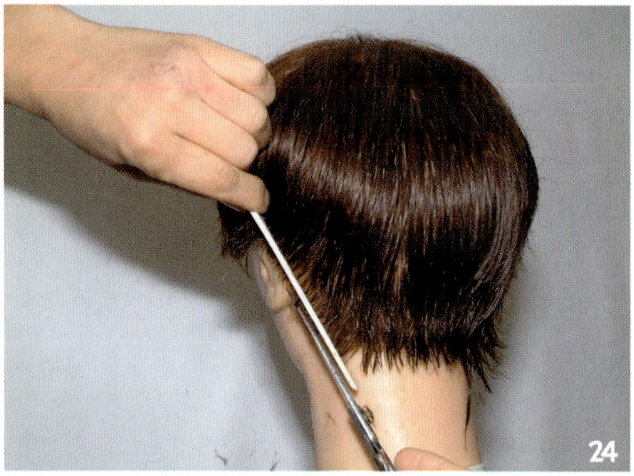

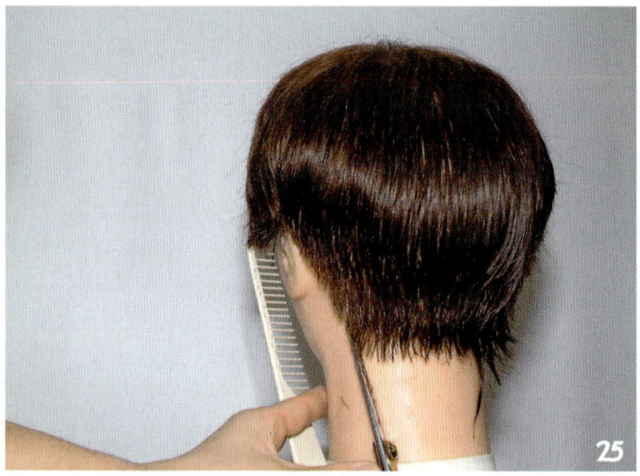

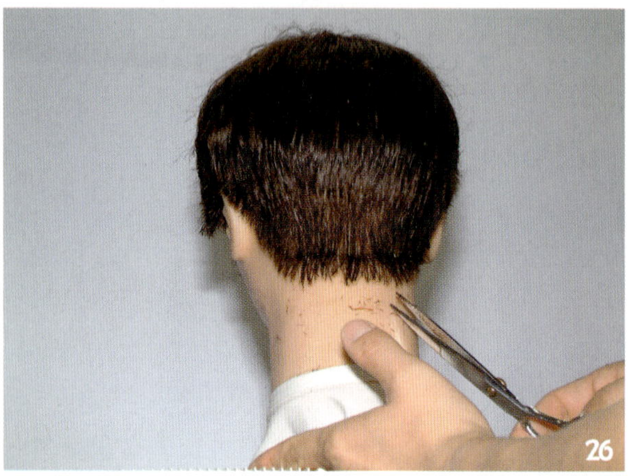

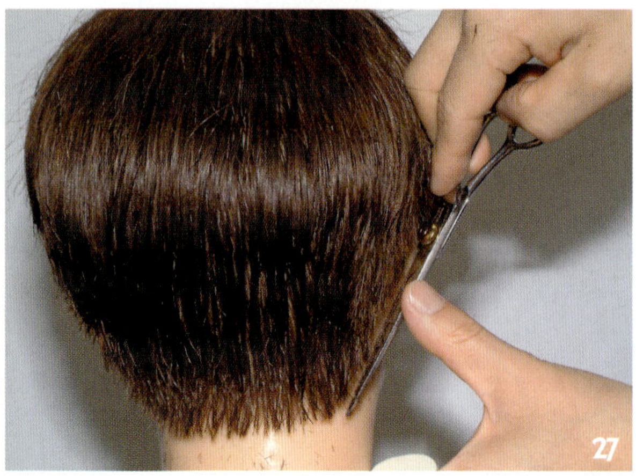

⑦ 자연스러운 연결을 위해 한 번 더 thinning한다.

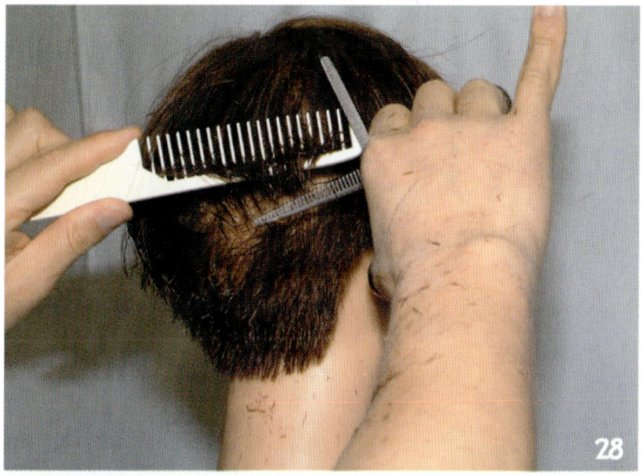

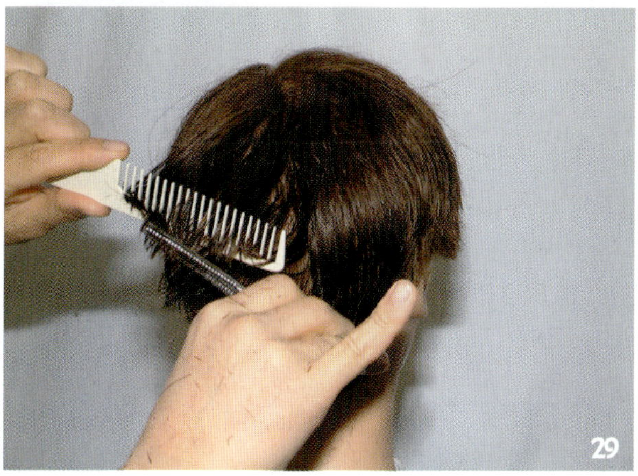

⑧ 마지막으로 nape, side, face line을 trimming한다.

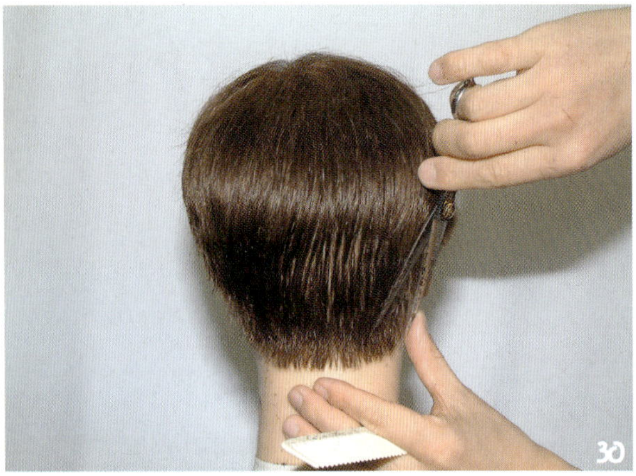

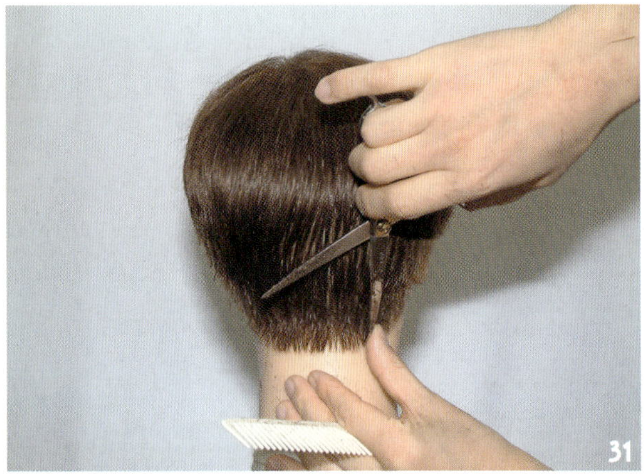

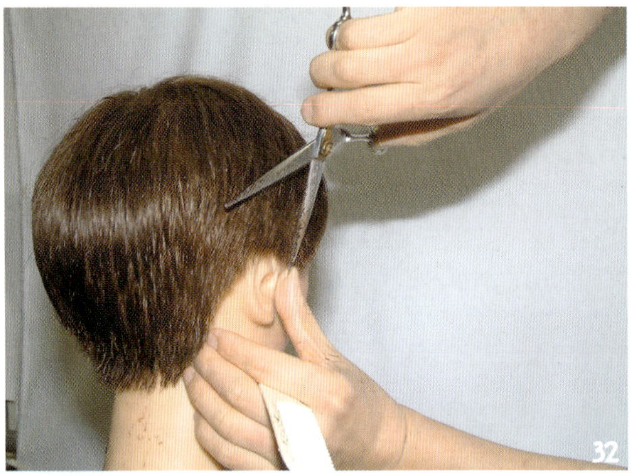

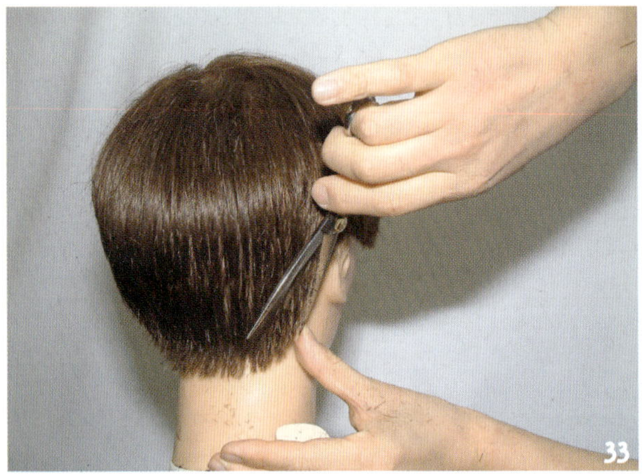

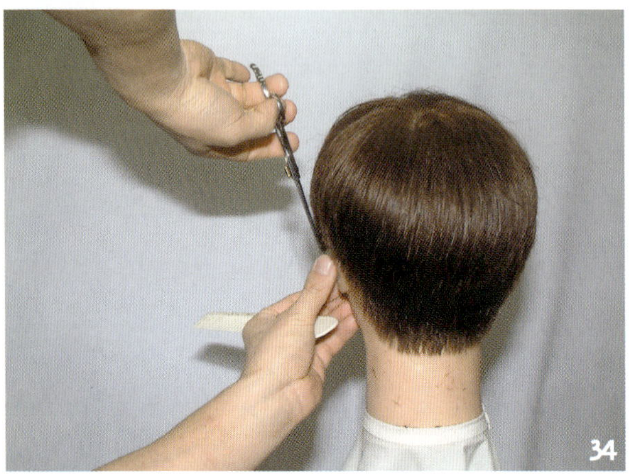

⑨ 완성 모습

36

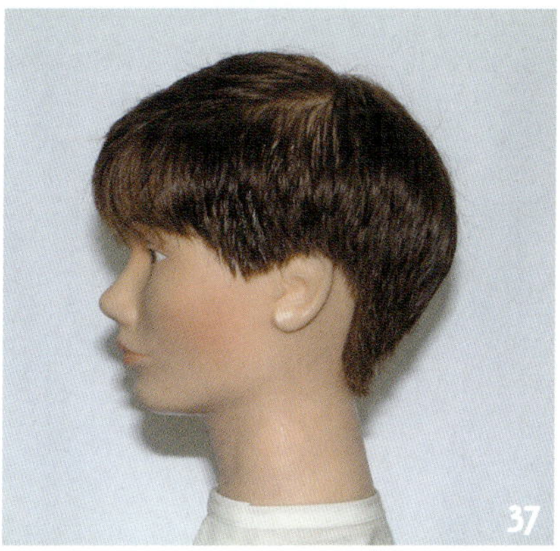

37

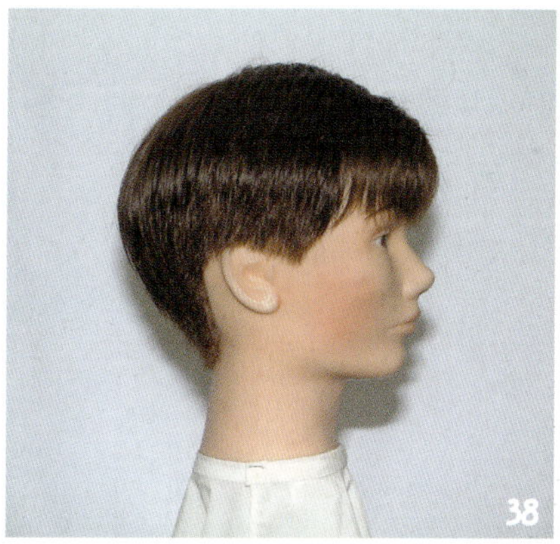

38

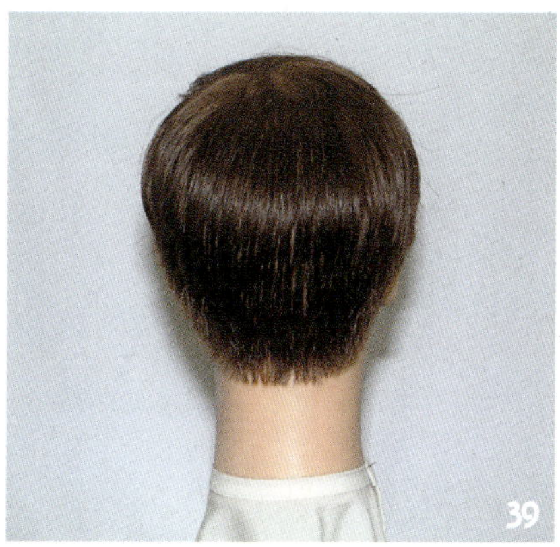

39

* 응용 styling *

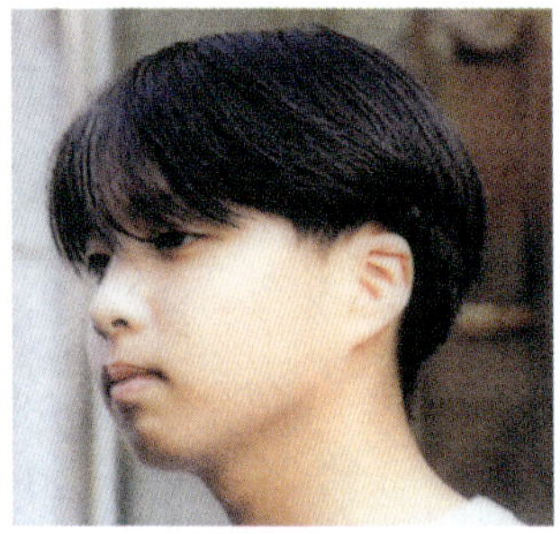
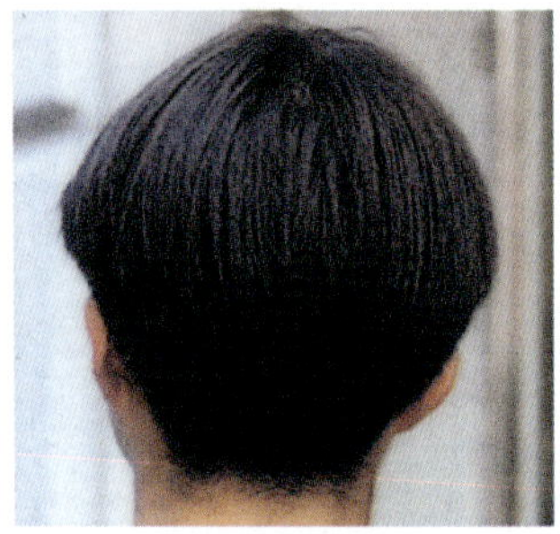

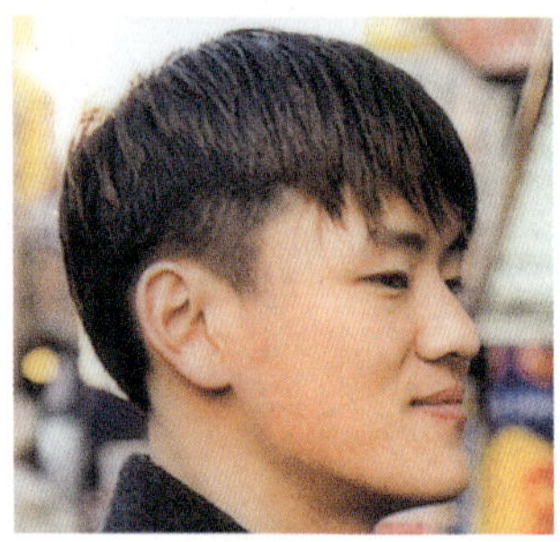
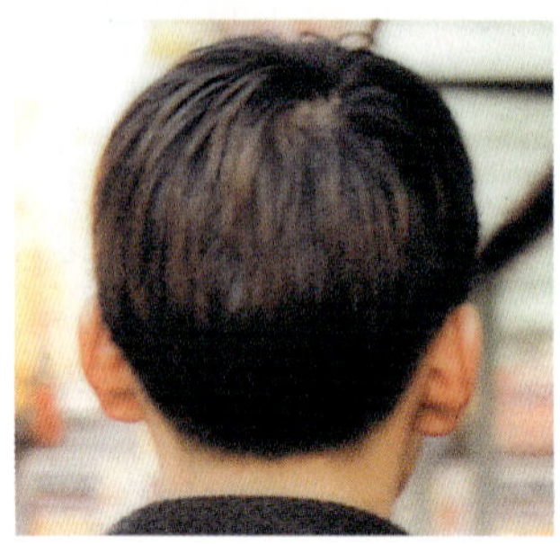

3. Combination II

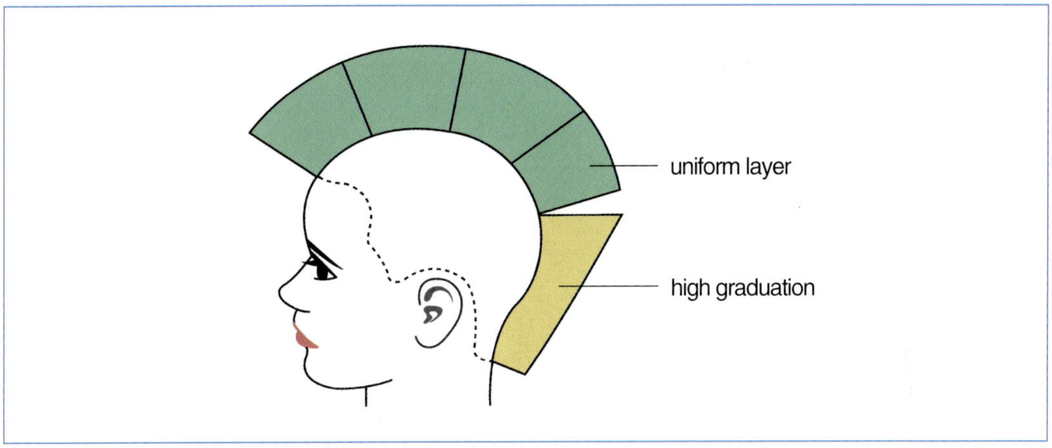

① Clipper를 사용해 side와 nape를 cut한다. 정교하거나 예술적인 표현은 어렵지만 강하고 산뜻한 모습을 표현할 수 있다. Clipper cut은 빗살에 나온 hair를 정확히 자르는 것과 빗의 각도를 정확히 하는 것이 가장 중요하다. 모발이 굵거나 숱이 많으면 razor 또는 thinning scissors로 숱 처리 후 clipper cut를 시도하면 작업하는 데 용이하다.

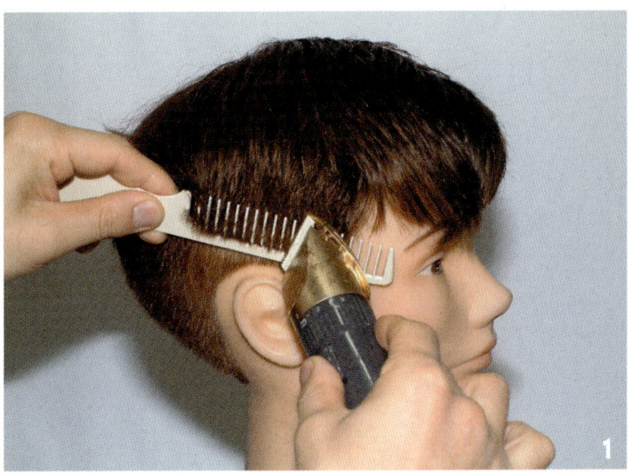
1

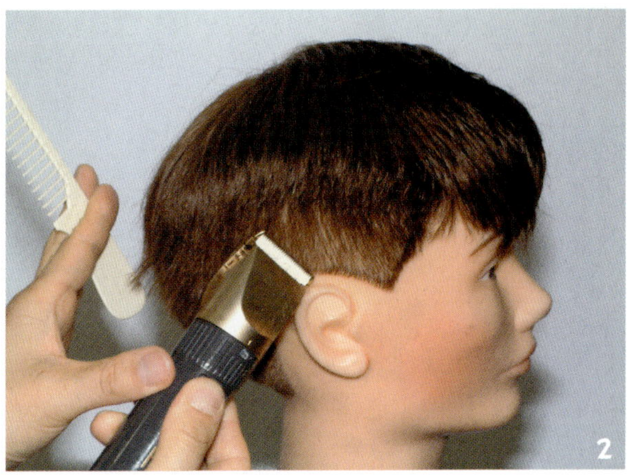
2

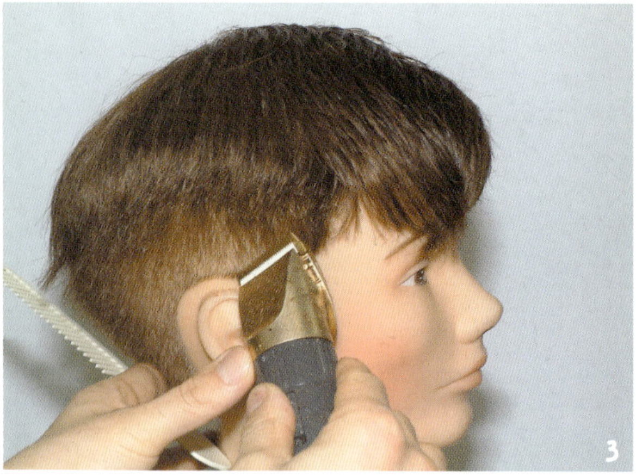
3

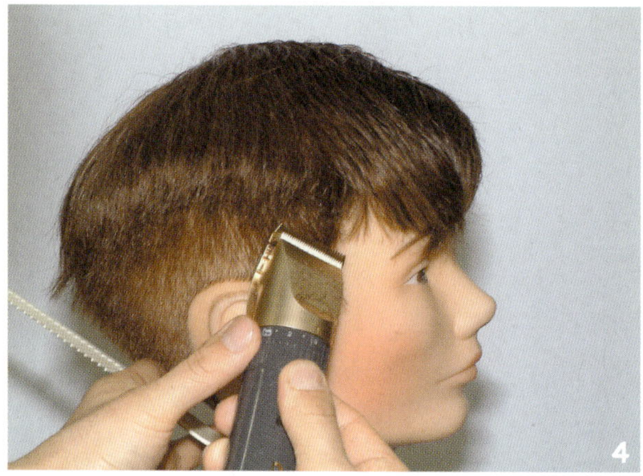
4

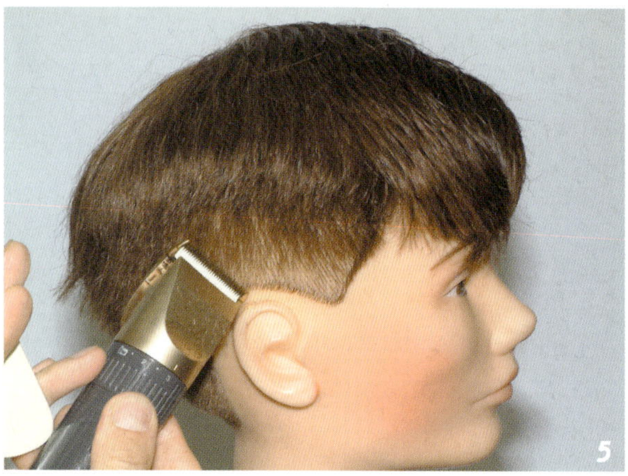
5

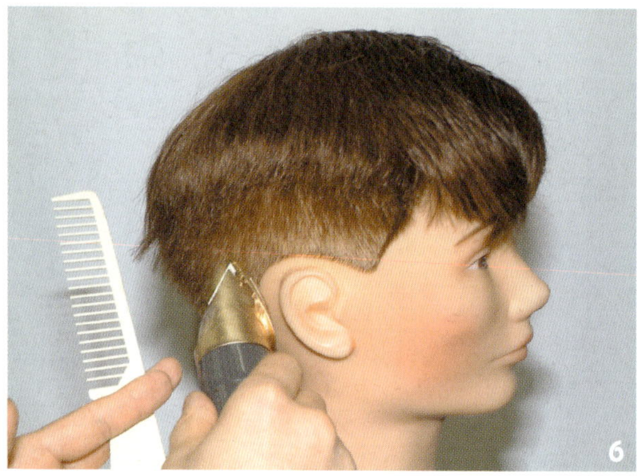
6

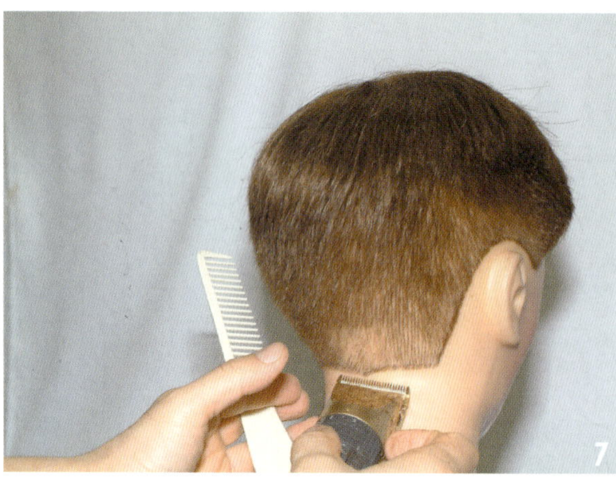
7

② Clipper-over-comb 기법으로 back과 top으로 진행한다.

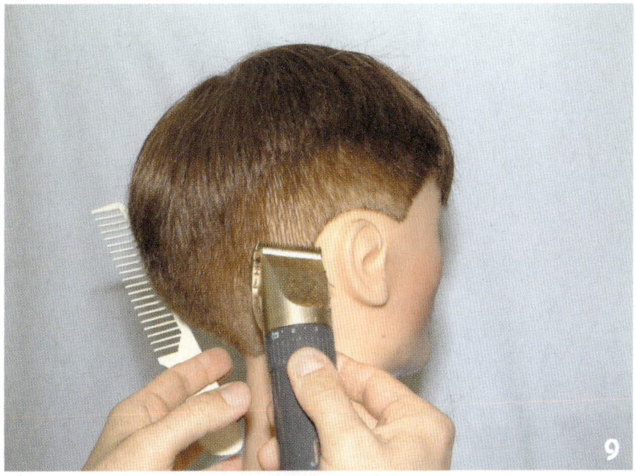

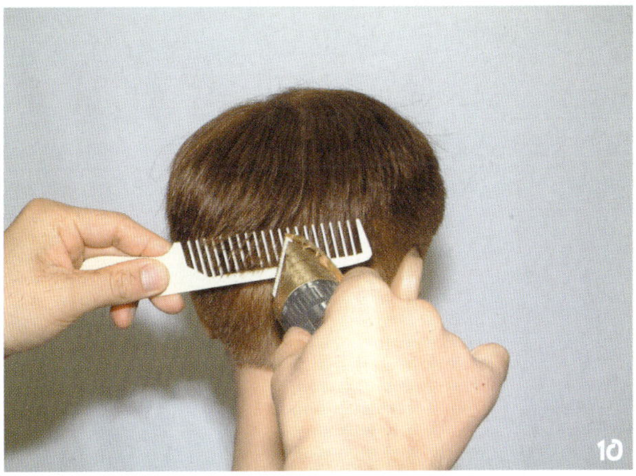

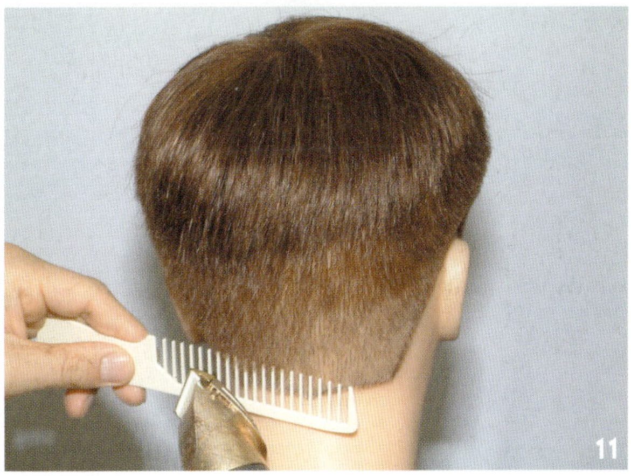

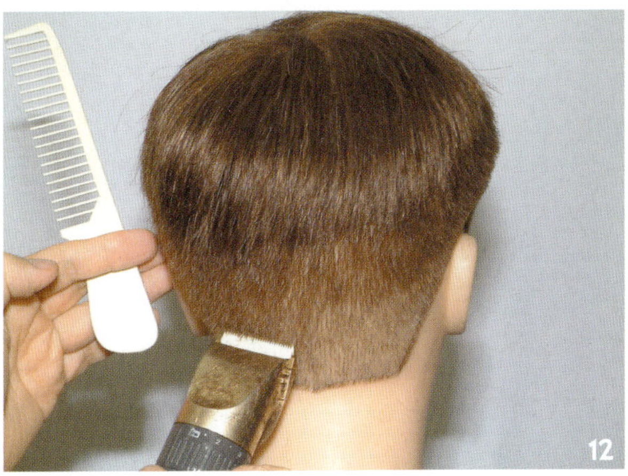

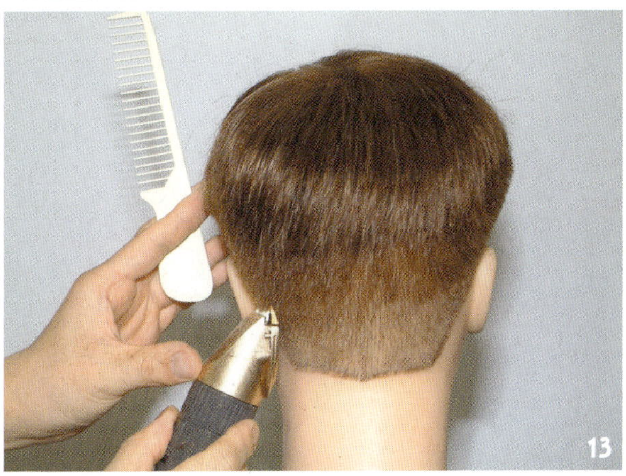

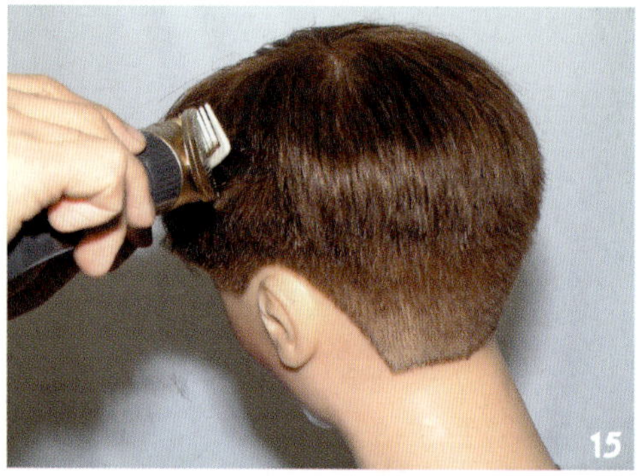

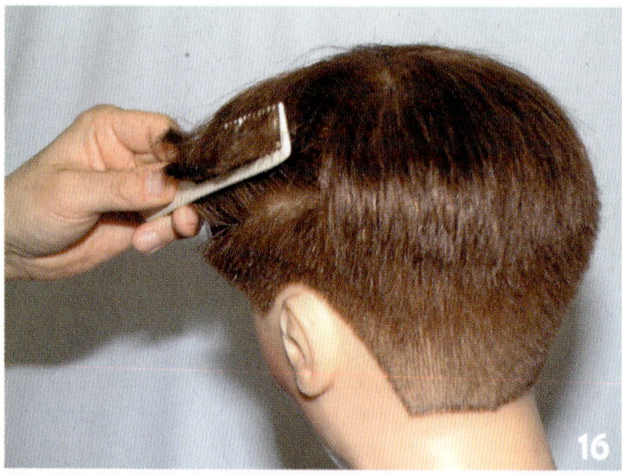

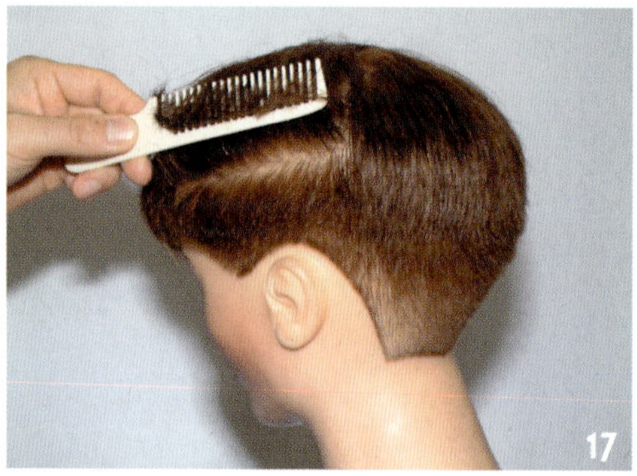

③ 가장자리를 다듬는다.

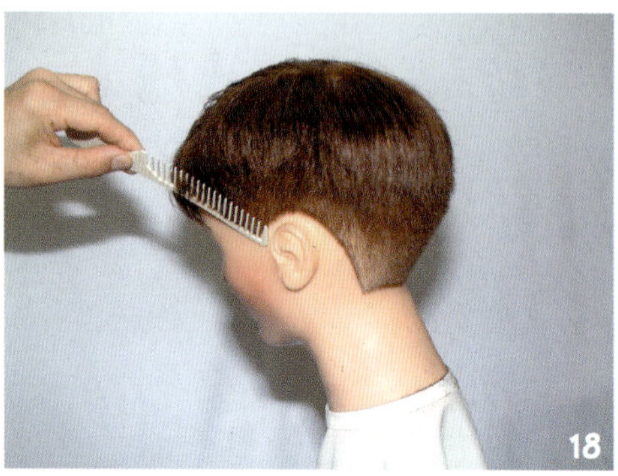

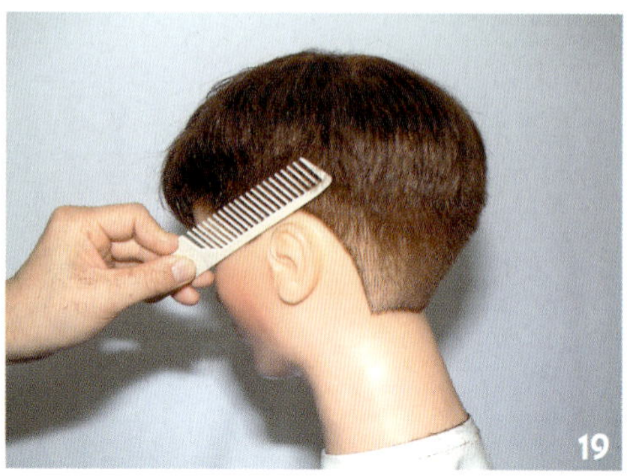

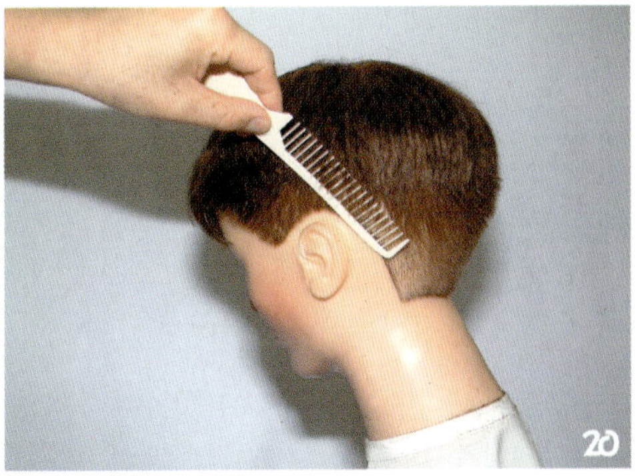
20

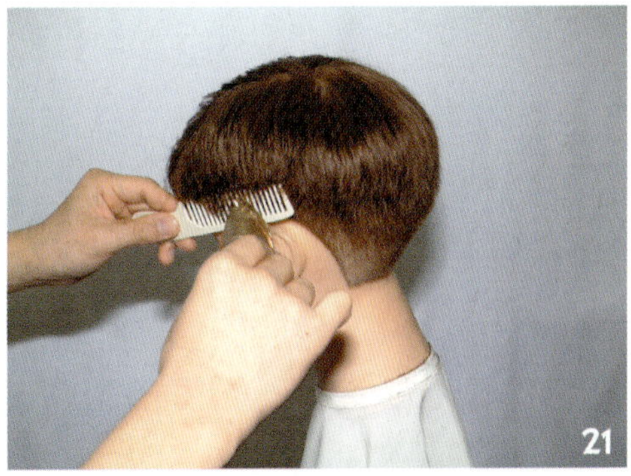
21

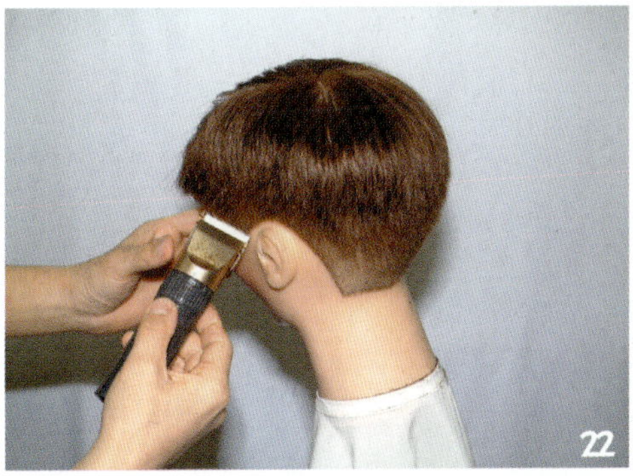
22

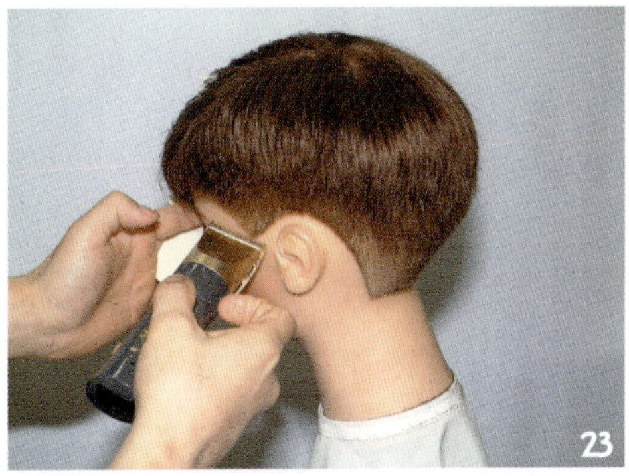
23

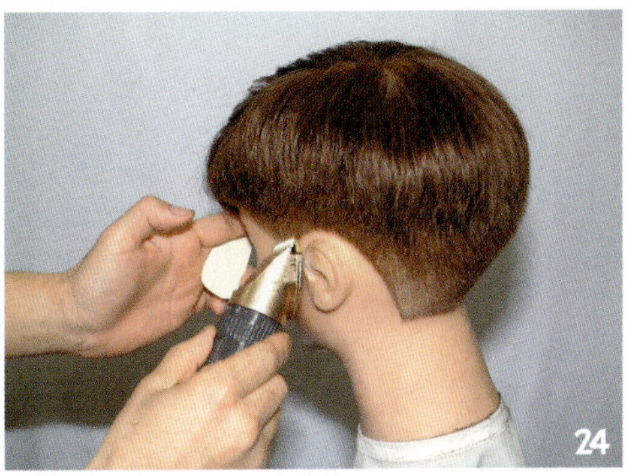
24

25

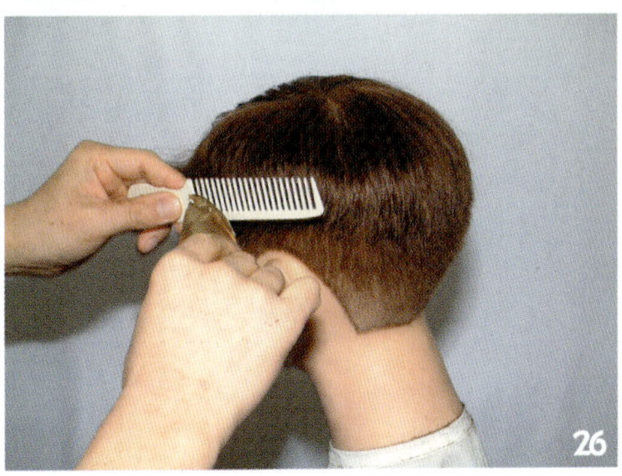
26

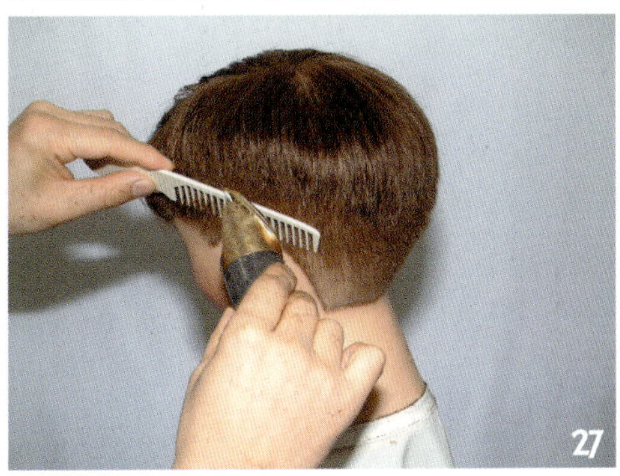
27

④ Scissors-over-comb 기법으로 back과 top을 연결시킨다.

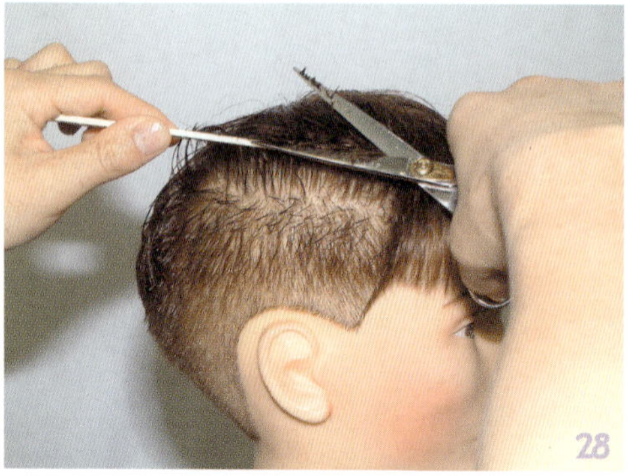

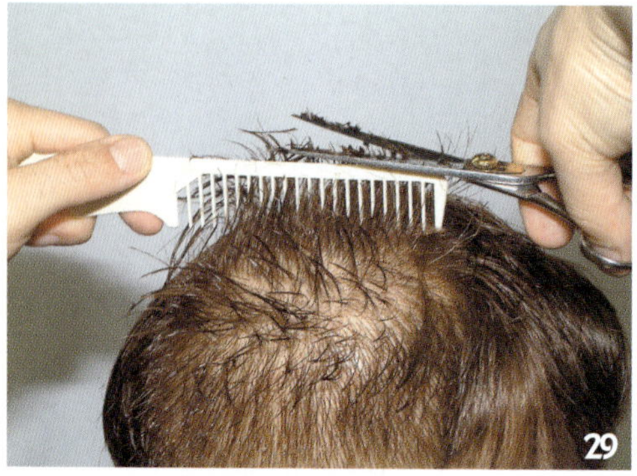

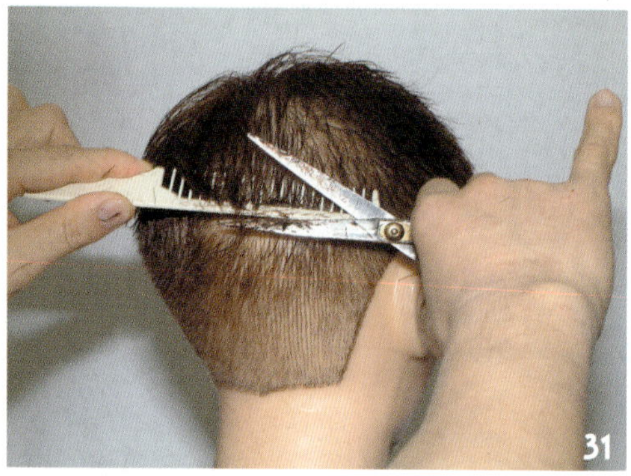

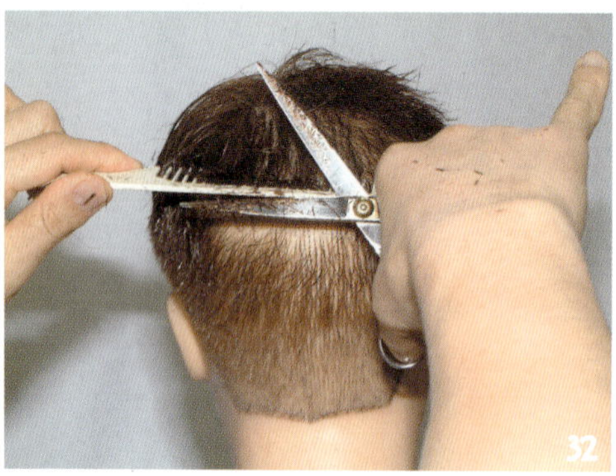

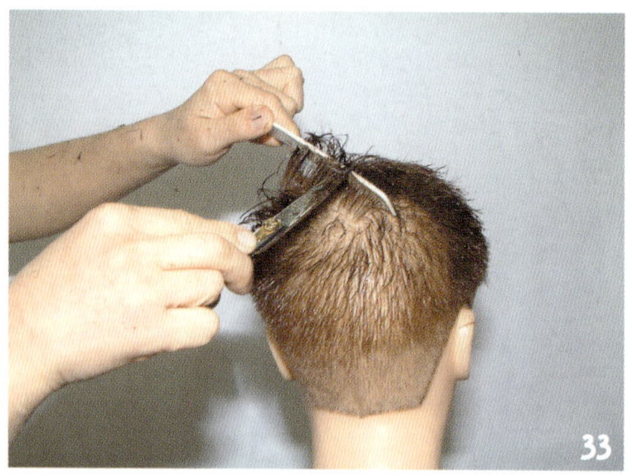

⑤ Top의 square line을 명확히 한다.

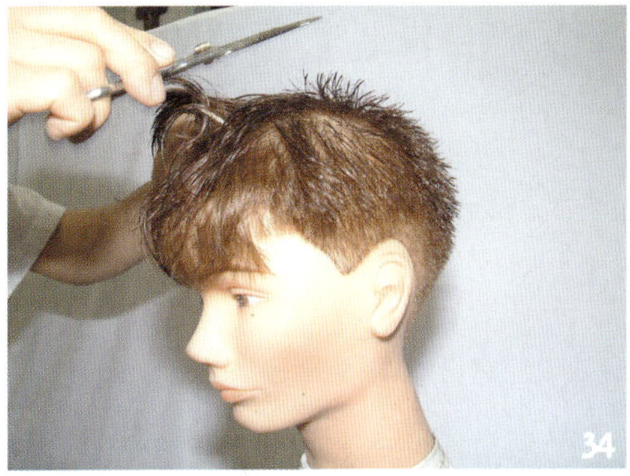

34

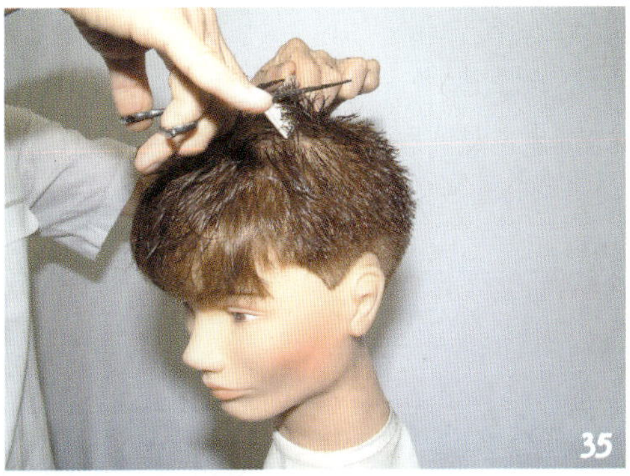

35

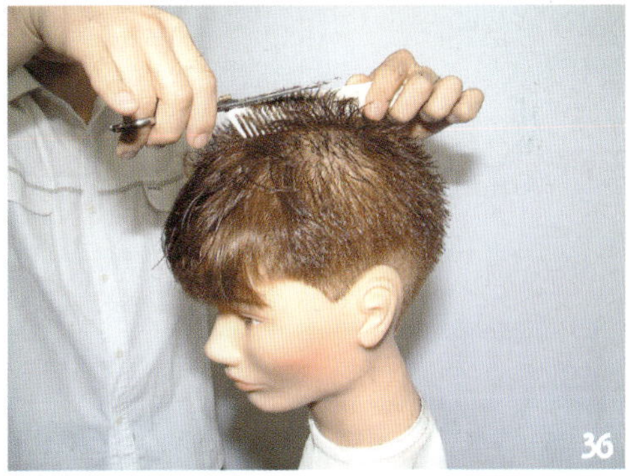

36

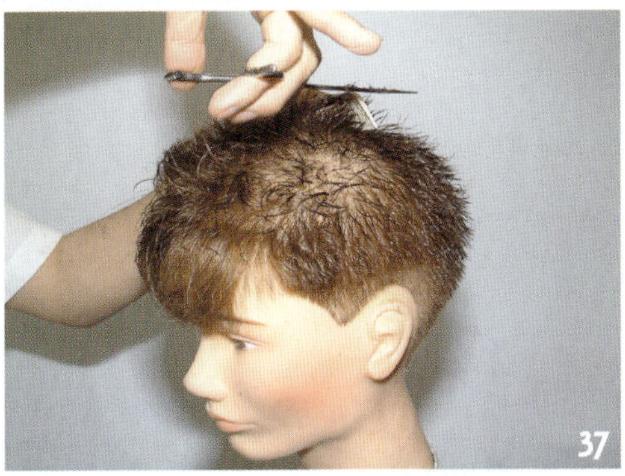

37

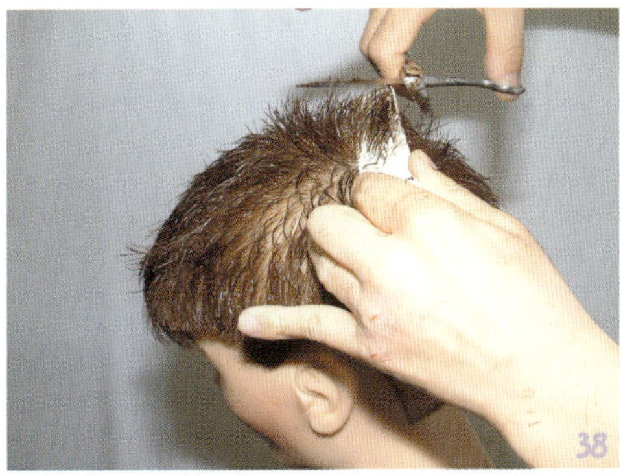

38

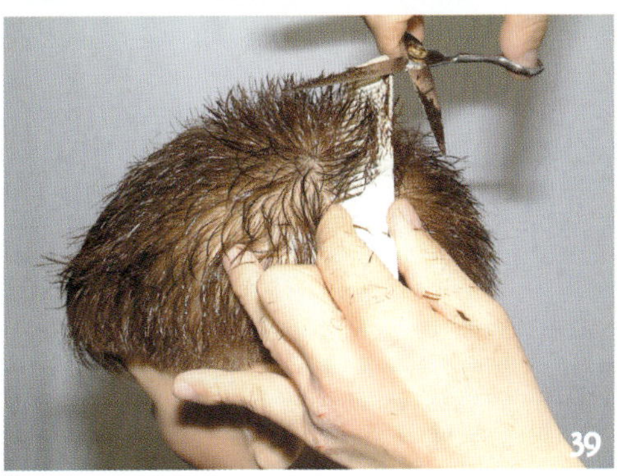

39

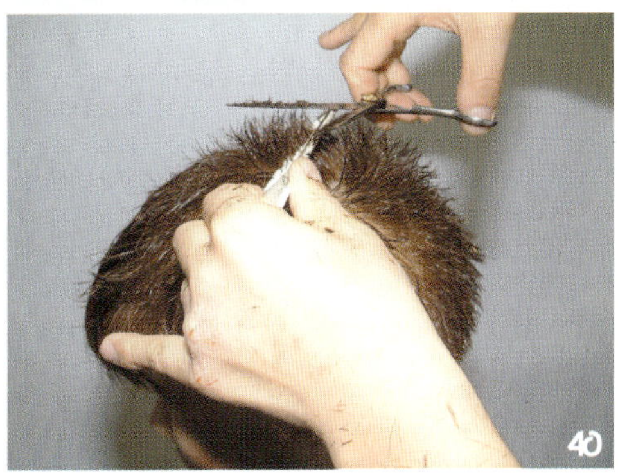

40

⑥ Face line은 앞에서 뒤로 over direction함으로써 길게 유지한다.

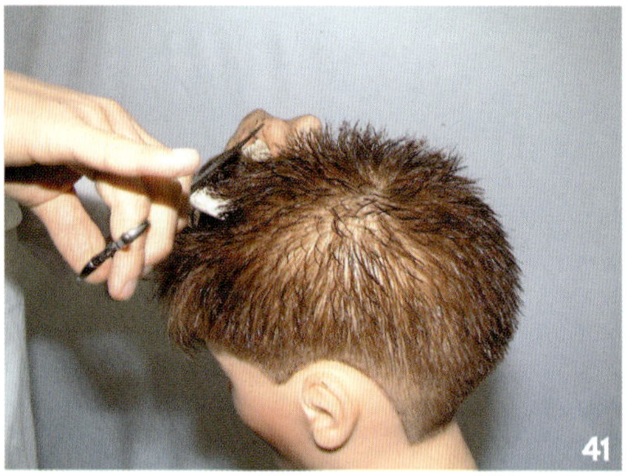

41

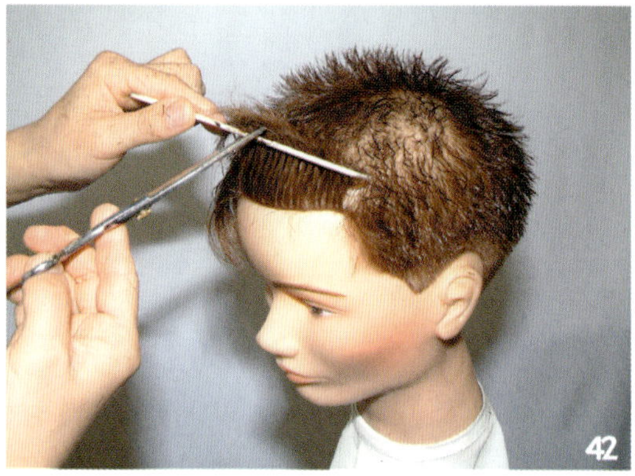

42

⑦ 옆가위질로 튀어나온 모발을 check, trimming한다.

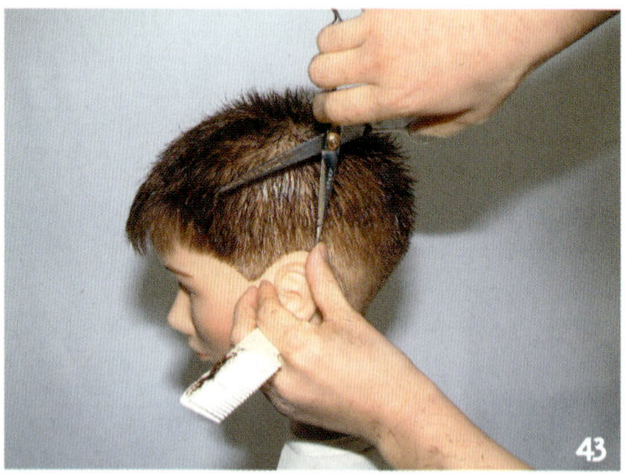

43

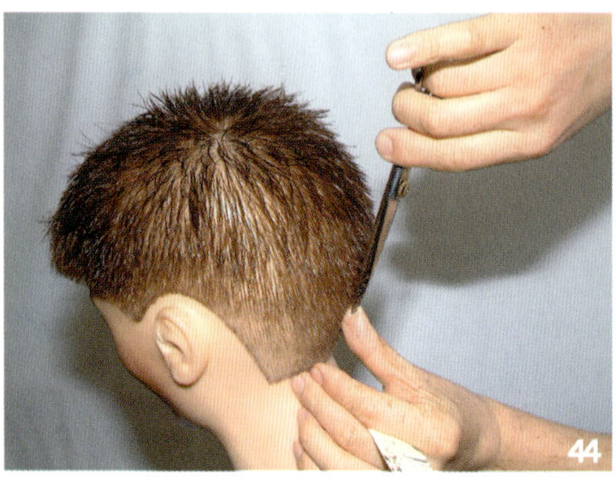

44

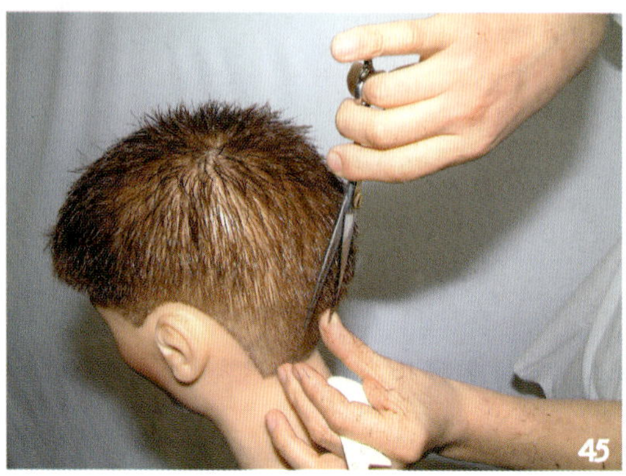

45

⑧ 완성 모습

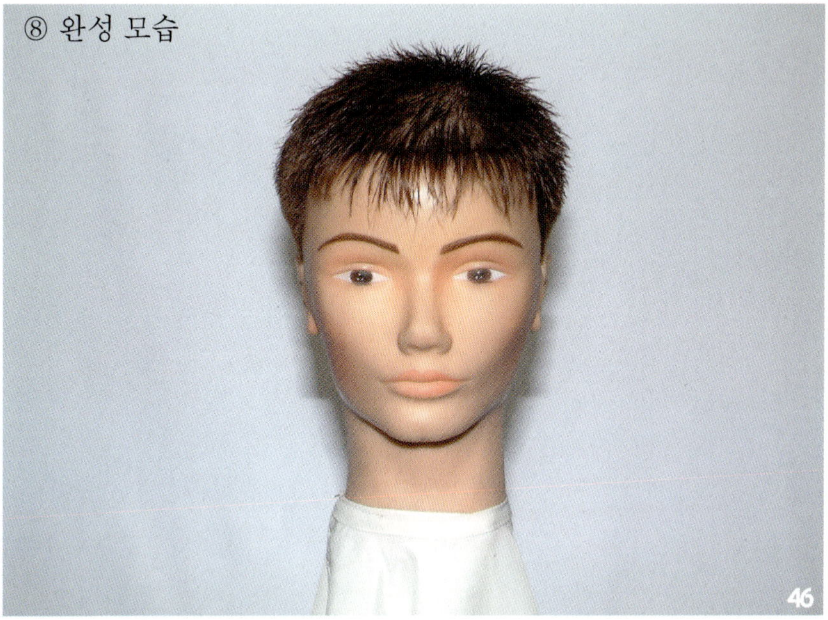

46

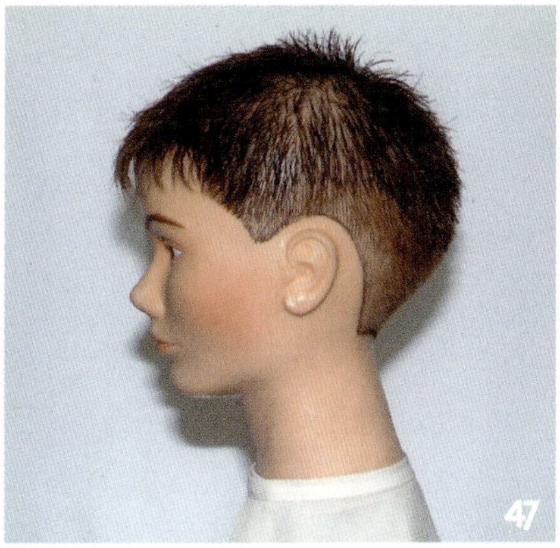

47

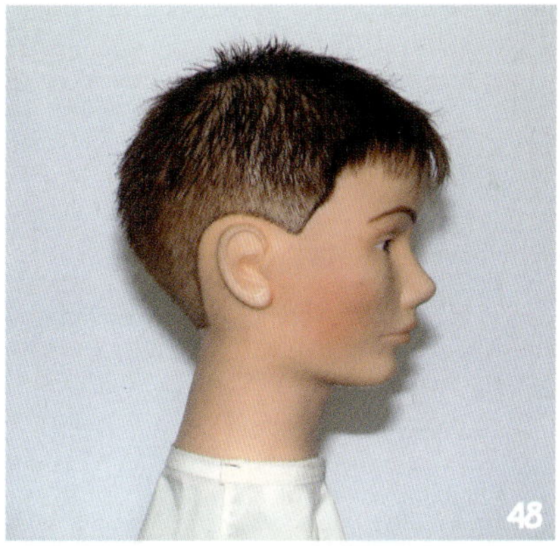

48

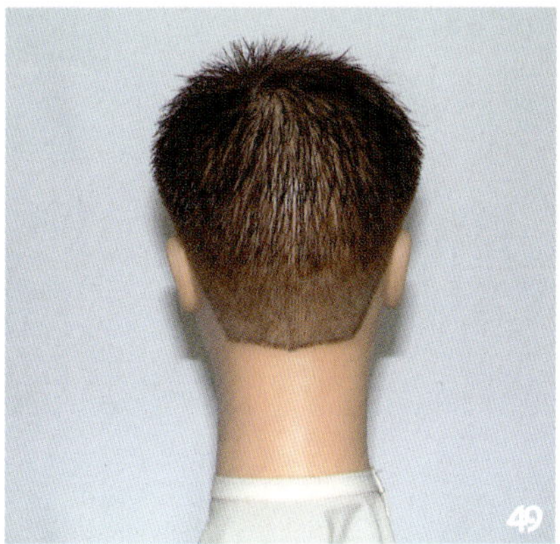

49

* 응용 styling *

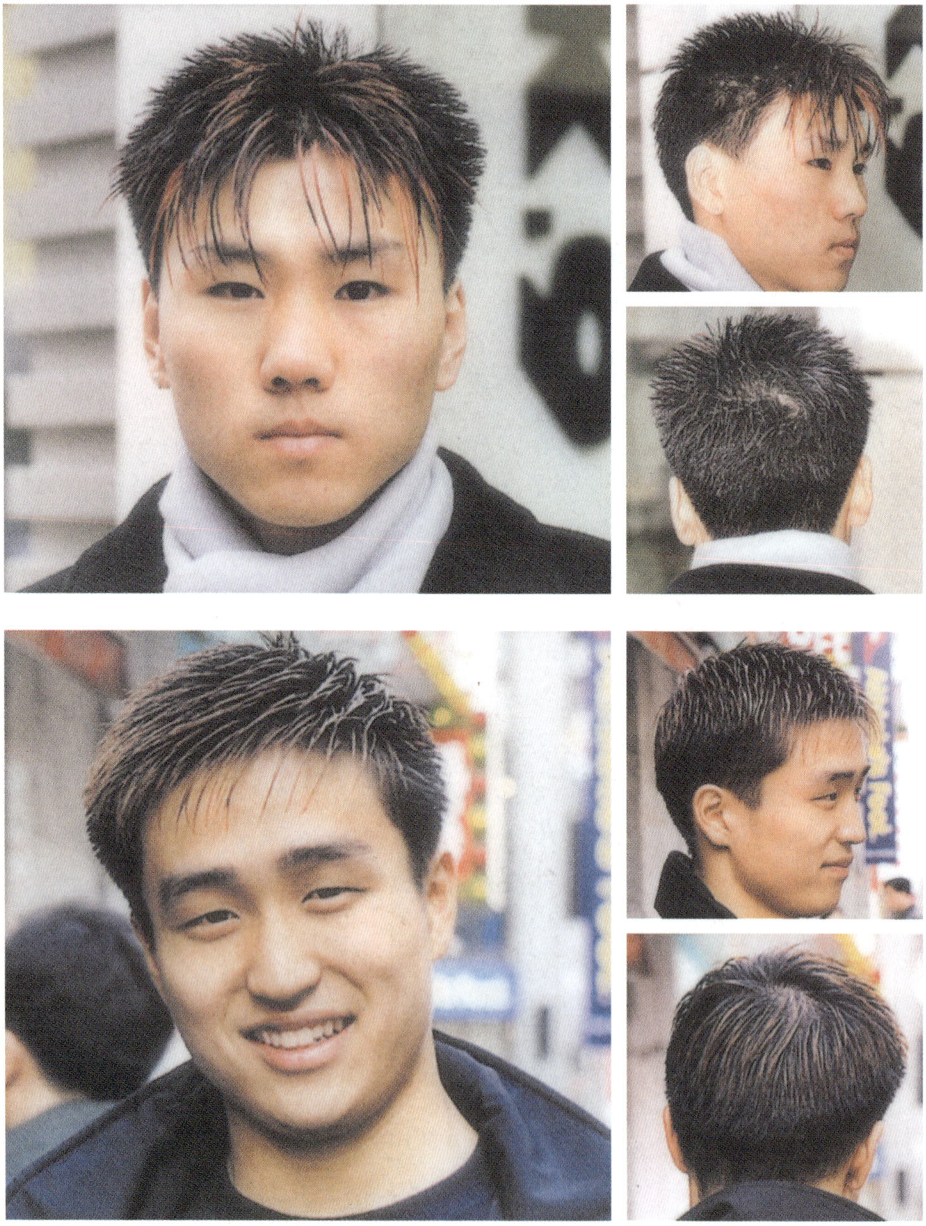

4. Combination Ⅲ

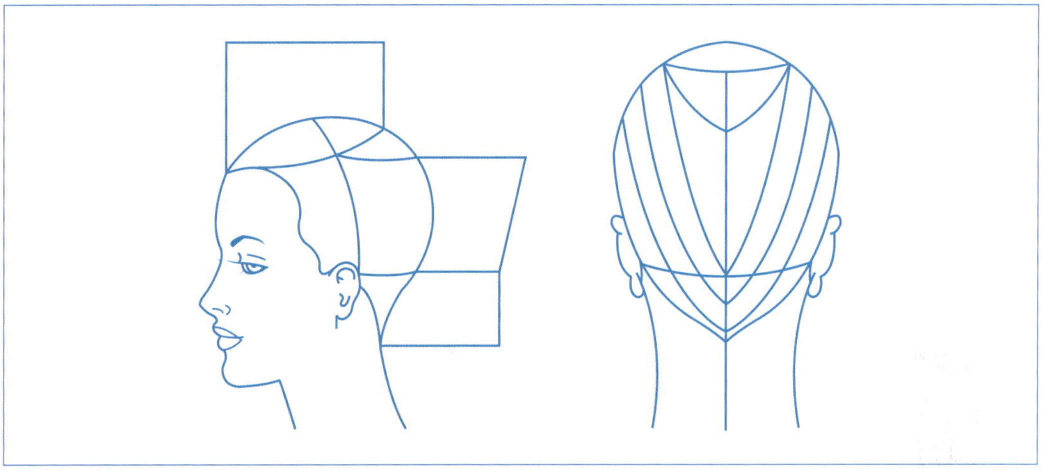

① Blocking : F.S.P~G.P, G.P~E.B.P, G.P~N.P

1

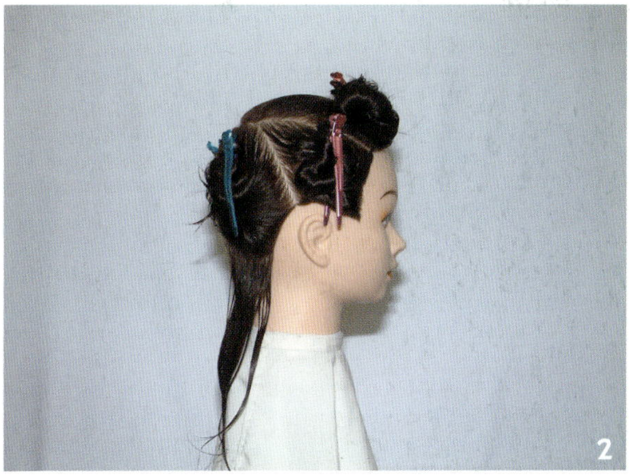
2

② Nape

모발을 적신 후 tapering을 충분히 한 뒤에 out-line을 정하되 양쪽 N.S.P의 1cm 정도의 모발은 남겨둔다. (짧아짐을 방지하기 위해 side cut에서 정리한다.)

각도는 vertical로 square line(90° 이상)을 잡아 가벼운 nape line을 만든다.

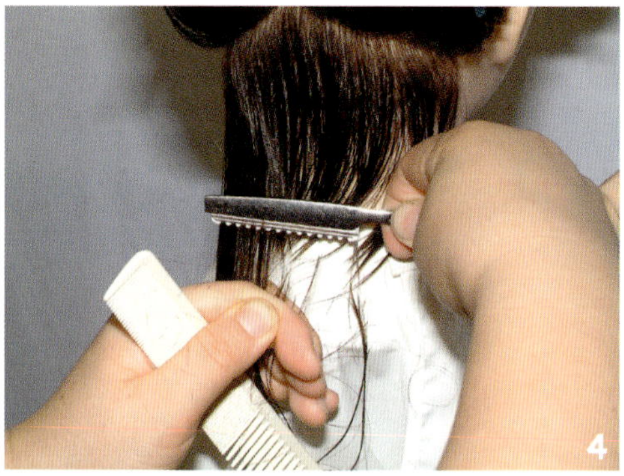

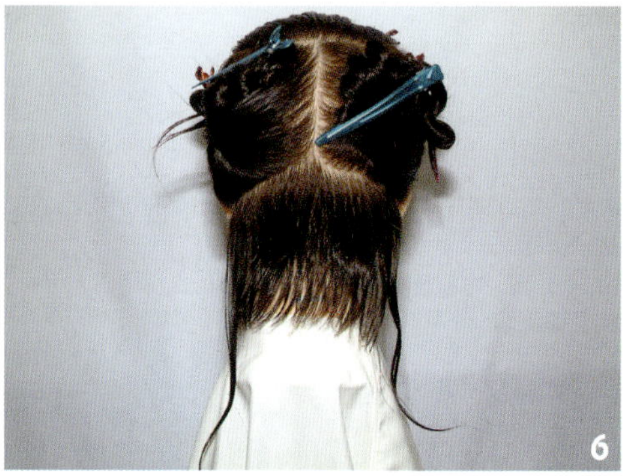

③ Back

모발을 쌓아 volume감을 형성하기 위해 45° 정도로 down 시켜 두상을 따라 round로 작업한다.

④ Golden 부분의 화려한 연출을 위해 짧게 90° 이상의 layer cut을 한다.

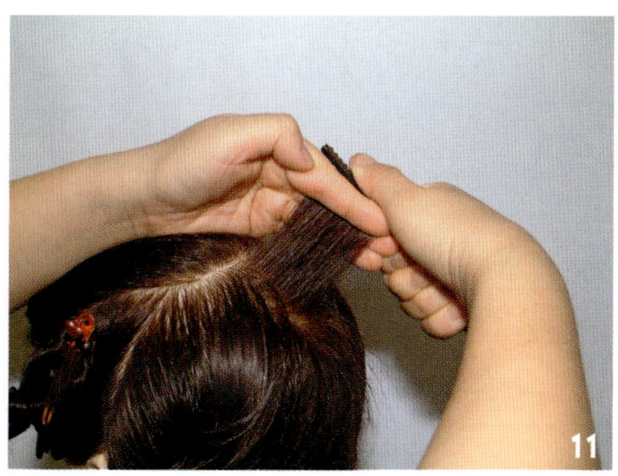

⑤ Side

귀 윗모발을 1cm 가량 내려 side의 guide를 형성한다. E.P의 모발은 귀가 드러날 정도로 가장 짧게 cut하고, 귀 뒷부분은 N.S.P와 연결하여 자연스러운 C-curve line을 형성하도록 한다. S.C.P의 모발은 여성스러움을 주기 위해 tapering 후 자연스럽게 길게 남긴다.

12

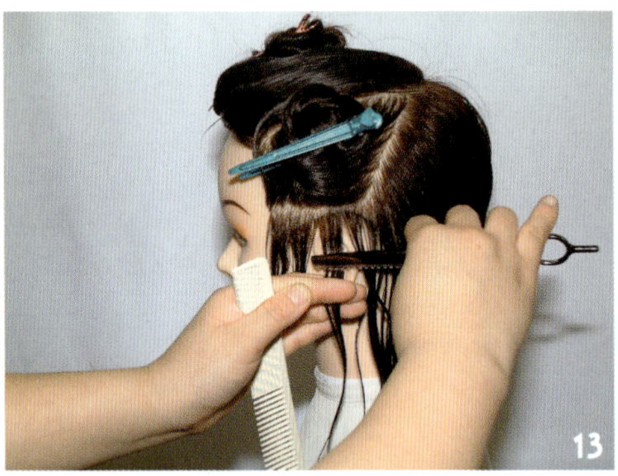

13

14

15

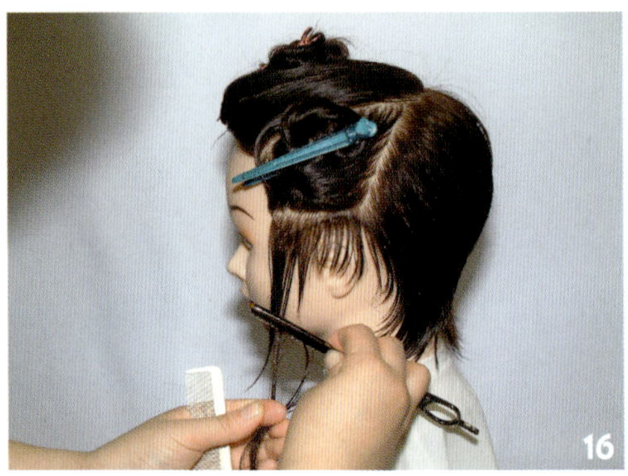

16

⑥ Side의 윗모발은 back의 모발을 guide로 해서 약 45° back으로 over direction해서 cut한다.

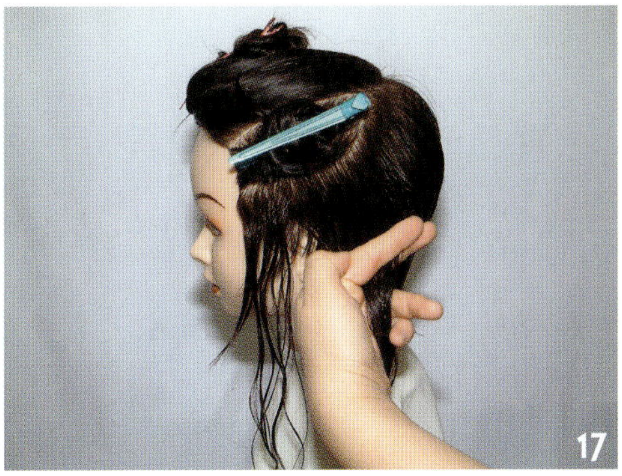
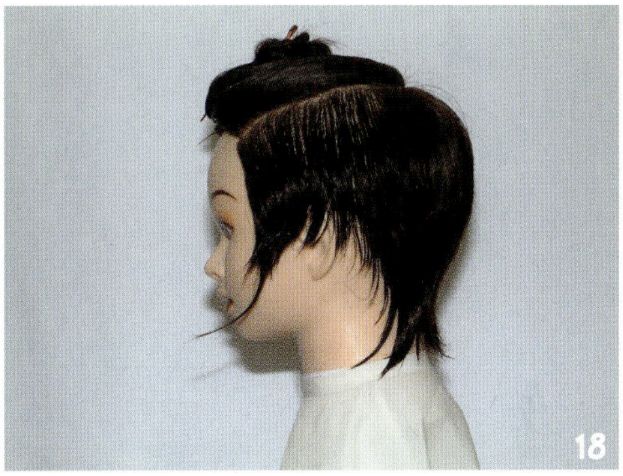

⑦ Front의 앞머리가 길 경우에는 우선 턱선 정도로 one-touch cut한 후, 가르마 부분의 앞머리는 눈썹이 보일 정도로 짧게 cut하고 side와 자연스럽게 연결한다.

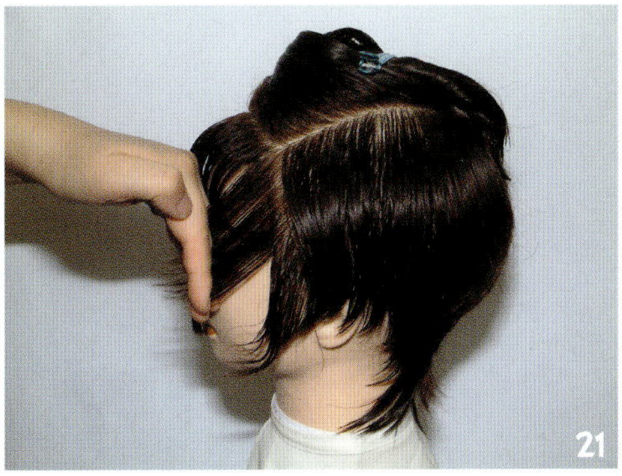

⑧ Top 부분은 golden 부분의 모발과 side 부분의 모발을 guide로 해서 cut함으로써 top은 짧게, fringe line은 길게 연출한다.

⑨ 완성 모습

24

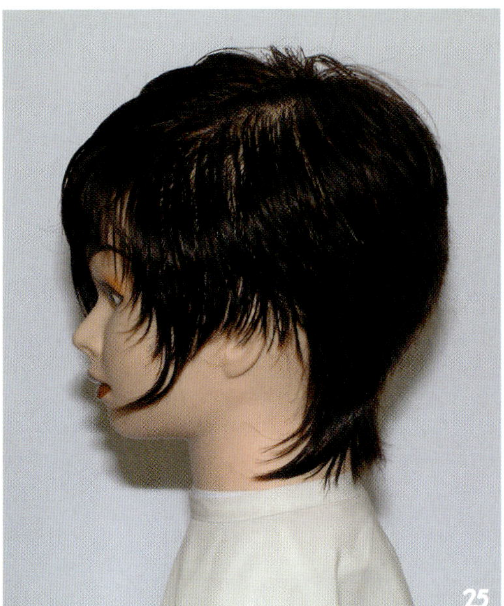
25

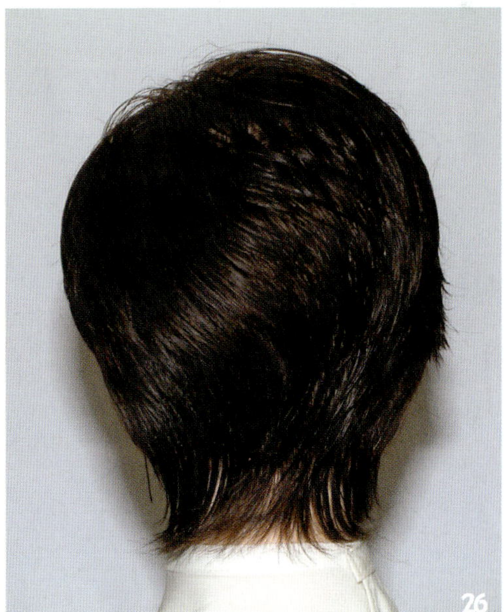
26

* 응용 styling *

5. Combination Ⅳ

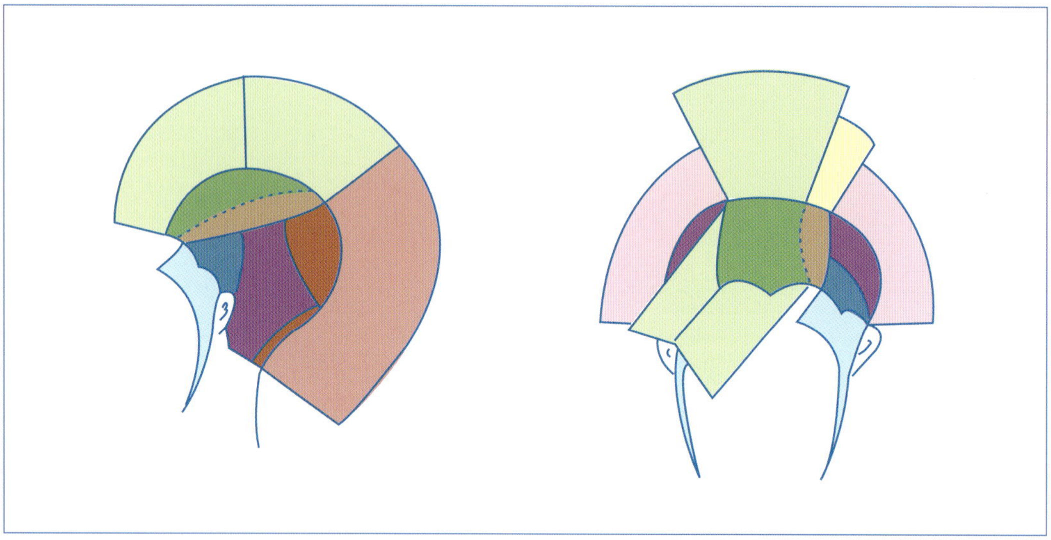

(1) 블로킹 : 7등분

그림과 같이 7등분으로 블로킹한다.

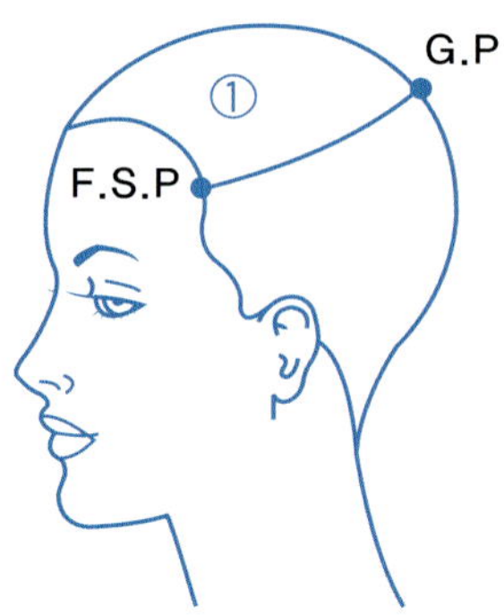

2

3

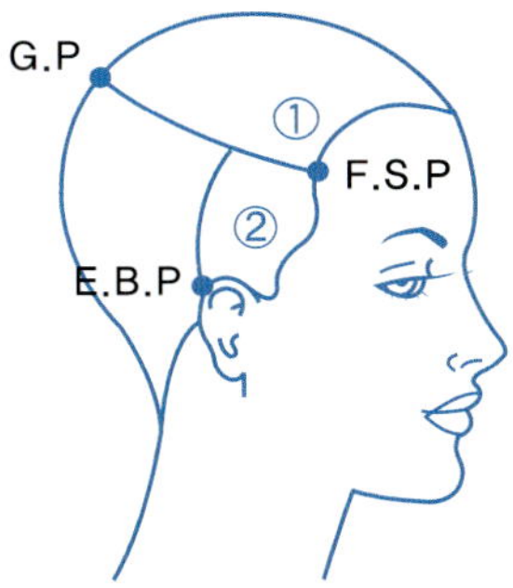
G.P
①
F.S.P
②
E.B.P

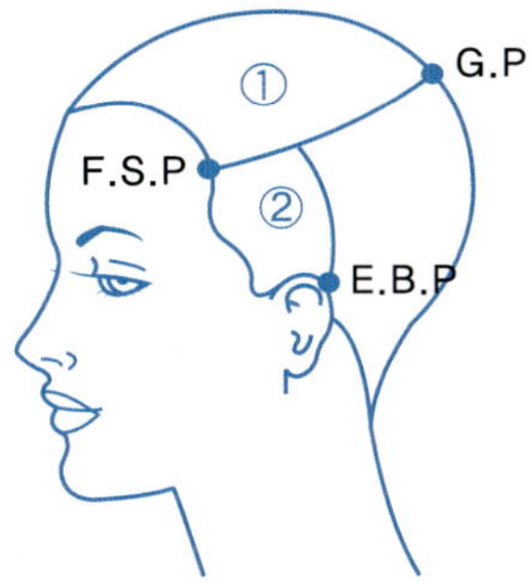
①
G.P
F.S.P
②
E.B.P

4

5

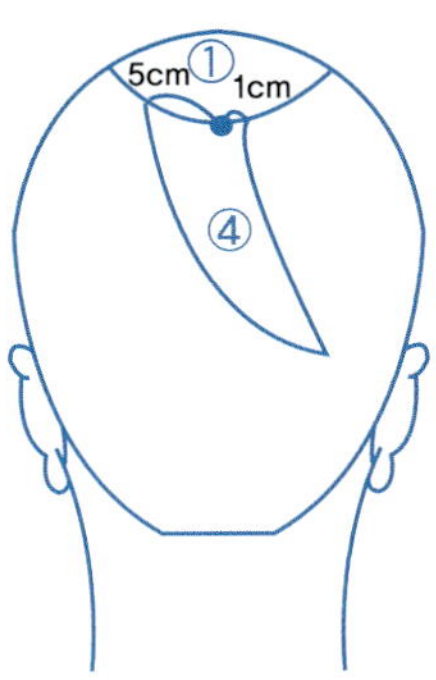
5cm
①
1cm
④

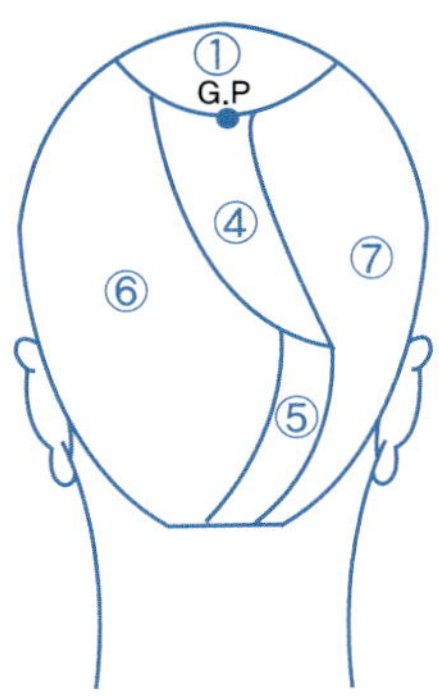
①
G.P
④
⑥
⑦
⑤

(2) 베이스(Base) 커트 – ⑥, ⑦번 블로킹 커트

가벼운 질감을 주기 위해 레이저(Razor)로 커트하고 버티컬 섹션(Vertical section)으로 딥 테이퍼링(Dip tapering) 커트하여 모발 안쪽 2/3지점부터 질감 처리한다. 길이는 8~9cm로 모든 길이가 동일하도록 두상각 90°로 커트해준다.

6

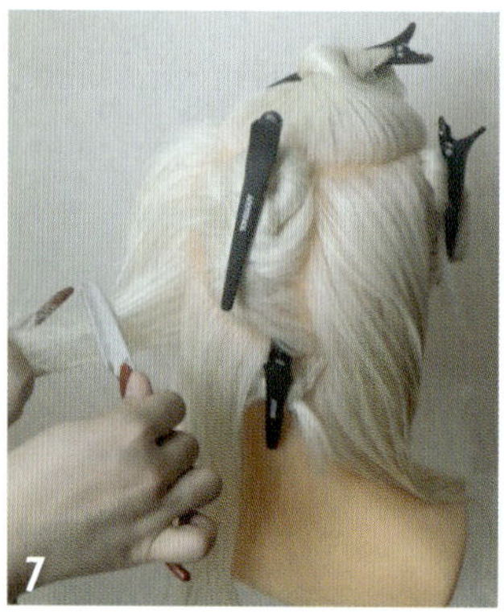
7

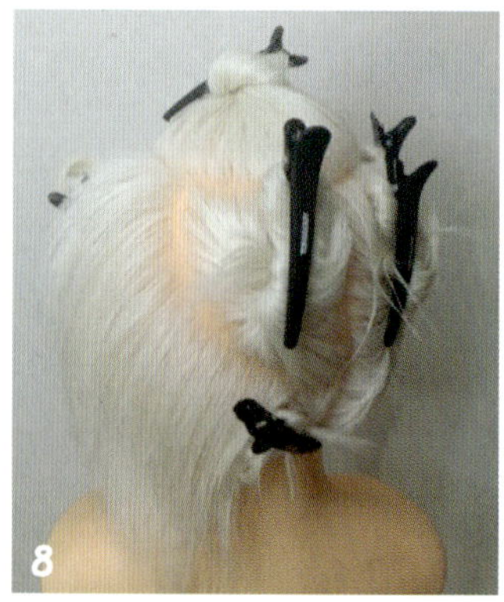
8

9

10

(3) 사이드(Side or Temporal zone) 커트 – ②, ③번 블로킹 커트

이어 포인트(E.P; Ear point) 기준으로 뒤쪽 모발은 베이스 커트 길이에 맞추어 두상각 90°로 딥 테이퍼링 커트하여 연결시켜 준다. 이어 포인트 기준 앞쪽 모발은 페이스라인을 따라 길이가 점점 길어지도록 미끄러지듯 움직이며 슬라이싱(Slicing) 커트한다.

(4) 백 디자인라인(Back Design line) 커트 – ④, ⑤번 블로킹 커트

버티컬 섹션, 두상각 90°로 길이는 13cm에 맞추어 모든 길이가 동일하도록 커트한다. 모발 끝이 날리지 않고 선을 부드럽게 연출하기 위해 엔드 테이퍼링(End tapering) 커트한다. 길이 커트가 끝난 이후 균일한 질감을 얻기 위해 틴닝가위(Hair Thinning scissors)로 질감 처리한다.

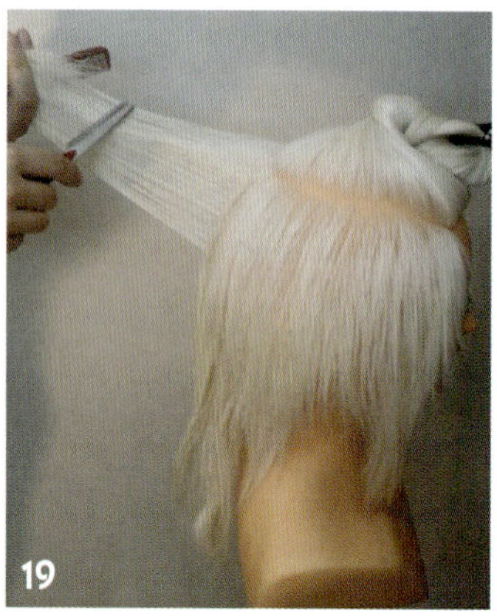

(5) U 라인(F.S.P – G.P – F.S.P) 커트 – ①번 블로킹 커트

블로킹을 2:1(오른쪽:왼쪽) 비율로 2등분한다. 이때 직선이 아닌 곡선으로 등분을 나눈다. 오른쪽 블로킹은 등분의 꼭지점과 오른쪽 프론트 사이드 포인트(F.S.P; Front side point)를 연결한 선을 중심으로 컨케이브 라인(Concave line; A라인) 형태의 슬라이스(Slice)를 분배한다. 중심에 가이드라인(10~11cm)을 설정하고 양 사이드가 점점 길어지도록 컨케이브 라인으로 엔드 테이퍼링 커트한다. 각도는 자연각 90°, 온 베이스(On base), 호리존탈 섹션(Horizontal section)이며 고정 디자인 라인으로 뒤쪽의 모발이 점진적으로 길어지도록 커트한다. 왼쪽 블로킹은 귀 중간 정도 길이에 맞추어 자연각 90°, 온 베이스로 엔드 테이퍼링 커트한다.

고정 디자인 라인에 의해 길어진 톱 포인트(T.P; Top point)부터 골덴 포인트(G.P; Golden point)의 모발은 백 디자인 라인의 모발 길이에 맞추어 부드럽게 연결되도록 커트한다.

21

22

23

24

25

26

27

28

(6) 질감 처리 및 라인 커트

엔드 테이퍼링 커트한 U라인과 백 디자인 라인의 모량이 많을 경우 틴닝가위를 사용하여 기존 커트한 각도와 베이스 그대로 스트랜드(Strand)의 1/2지점부터 5~6번 적당히 가벼워지도록 질감 처리한다. 사이드의 페이스 라인(Face line)과 귀 라인(Ear line)은 블런트가위(Hair blunt scissors)로 깔끔하게 선을 정리해준다.

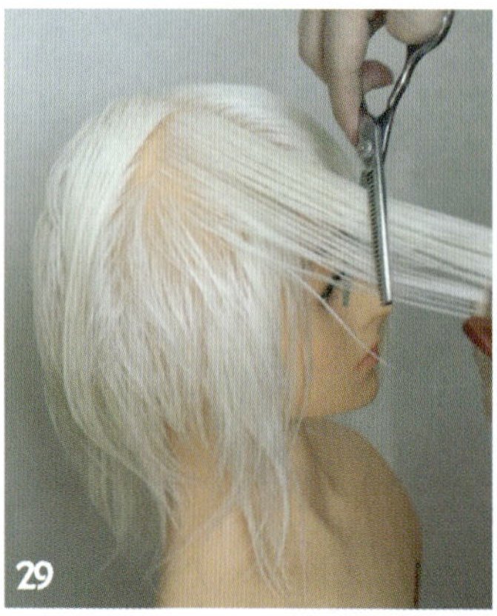

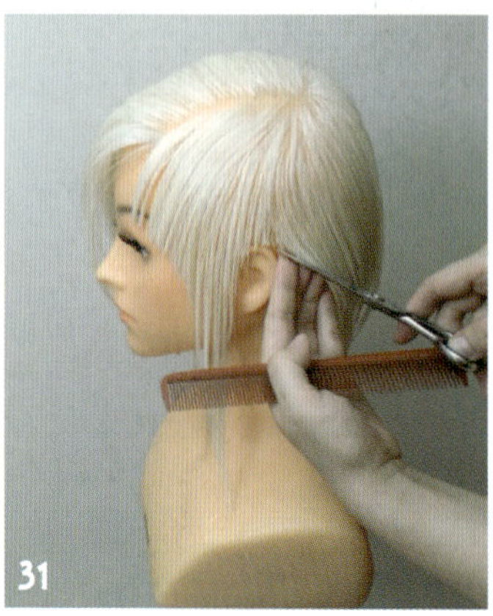

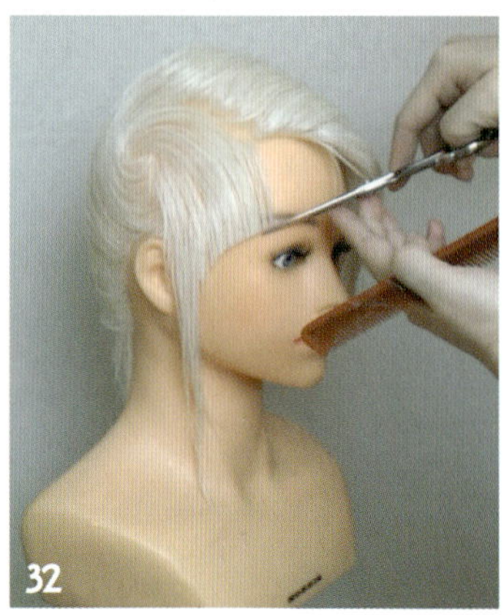

(7) 완성 모습

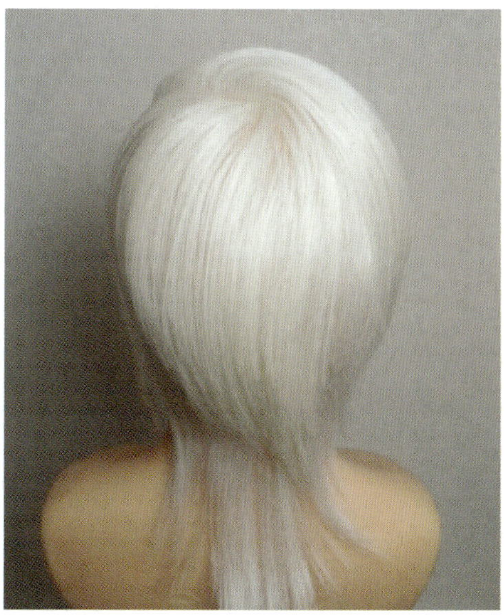

응용 스타일링 *

용어 정의

angle : 각각의 머리 다발(panel)을 드는 각도.
area : 위치, 부위, 구역.
asymmetric : 비대칭, 불균형.
back : 후방, 뒷면, 두부의 crown과 nape 사이를 말함.
back to previous section : 한 section의 이전 section으로 over direction하는 것.
backward : 앞에서 뒤로.
blocking : 정확한 작업을 위하여 두상에 구획을 나누는 것.
build up the weight (=graduation) : 무게감을 쌓는 것.
check cut : cut이 완료된 후 점검하는 cut.
comb out : 빗질을 끝까지 해 나가는 것.
concave : 볼록한 형태. 바깥이 긴 머리 형태.
convex : 가운데가 긴 머리 형태.
crown : 모든 물체의 최정상부, 왕관의 주위부분.
diagonal : 사선, 대각, 평면에 대해 사선을 이루는 line.
diagonal section : 사선 section.
disconnect : line이 연결되지 않은 style. 길이가 연결되지 않으면서 전체적인 균형을 이룸.
disconnected : 따로 따로 떨어진, 단절.
dry cut : 모발이 건조한 상태에서 cut하는 것.
elevation : lifting과 같이 들어 올려 층을 주는 기법으로, 자기 위치에서 모발의 각도를 들어올리는 것.
flat : 납작함, 평평함.
forward : 앞방향, 뒤에서 앞으로.
forward graduation : side area를 diagonal section으로 앞으로 당기면서 생기는 graduation을 이용해 soft한 느낌을 만드는 기법.
free hand cut : 빗과 손을 사용하지 않고 가위로만 cut하는 것.
fringe : 앞으로 내리는 머리.
front : 정면, 전두부.
geometric : 기하학적.
guide line : cut 시 기준이 되는 선(안내선)으로서 일반적으로 제일 먼저 cut한다.
hair line : hair의 바깥 line, 머리가 자라 있는 바깥 line.

hair texture : 모발의 질감.
horizontal : 수평, 가로 방향.
horizontal section : 가로 section.
horseshoe section : 말발굽 모양의 U block section
in-cut : 가위를 안으로 넣음.
layering : section을 90° 이상의 각도로 들어올리는 것.
lift : 들어올리다.(=elevate)
nape : 목덜미.
nape line : 모발이 나기 시작하는 선, hem line이라고도함.
natural : 자연스러운
natural fall position : 모발이 떨어지는 방향대로 자연스럽게 shaping한 상태
occipital bone : 후두골.
off the base cut : panel을 떠서 그 base에서 벗어나서 cut하는 방법.
on the base cut : panel을 떠서 그 base의 중심을 직각으로 잡아 cut하는 방법.
one-length : 모발이 자라난 방향에서 떨어졌을 때 한 line, 즉 guide line에서 만남.
out-cut : 가위를 밖으로 뺌.
out-line : hair style의 바깥 line.
over direction : 90°를 벗어난 모든 각도, 모발이 자란 방향에서 벗어남, 각을 좌우로 옮기는 기법으로 'A line'을 만드는 데 주로 이용됨.
panel : 한 장의 판과 같이 떠낸 머리 다발.
parallel : section과 cut line이 동일하게 평행을 이룸.
pivot : 방사선.
pointing : 가위 끝을 이용하여 무거운 부위의 hair를 조금씩 cut하는 technique.
refine : blow dry 후 마지막으로 out-line을 재cut하는 것.
remove the weight (=layer) : 무게감을 없애는 것.
scissors-over-comb : 빗을 가지고 두상으로부터 모발을 들어올려 가위를 이용해 cut하는 기술.
section : 구분하다, 나누다의 의미로 blocking된 모발을 다시 작게 잘라 나누는 것.
shape : 모양, 형상.
shaping : 빗으로 빗질하여 형태를 만드는 것.
shingling : nape 또는 side 부위를 매우 짧게 깎는 것.
side : 옆면, 측면.
side base cut : 점점 길게 또는 점점 짧게 cut하기 위해, base의 왼쪽, 오른쪽, 위 또는 아래 한 쪽을 직각으로 cut하는 방법.
sideburn : 구레나룻
slice : 일면, 일부분, 일정량의 모발을 얇게 뜨는 것.
sliding : 무거운 부위의 hair를 가위 끝을 이용하여 hair가 떨어진 방향으로 미끄러지듯 적은 양을 cut하는 technique. 안에서 바깥으로, 칼로 빗어내듯이.
square cut : 각지게 cut하는 기법으로 전체 cut line이 네모 상자의 형태를 띰.

straight out (=on the base) : base의 중심을 직각으로 그대로 앞으로 잡는 것.
stroke : 모발 끝이 가늘어지게 하기 위해 사용하는 기법으로 short stroke와 long stroke이 있음.
symmetric : 대칭, 조화, 균형. 무게감이나 길이의 균형을 이룸.
tapering : 붓 끝처럼 모발 끝으로 갈수록 점차 가늘게 cut하는 방법.
temple area : 관자놀이 부위. 움푹 들어가 있는 부분이므로 cut에 주의를 요하는 부위.
tension : strand의 당김 정도를 의미.
texture : 질감, 모질, 모발의 느낌.
thinning : 모발 숱을 정리하여 모발의 양을 줄이는 것.
top : 정점, 두부에서 머리의 정점부터 전방으로 향한 최고 꼭대기 부분.
trimming : 정돈이나 다듬는 것으로 모발 끝 부분을 가볍게 정리하는 것.
vertical : 세로 방향, 평면에 대해 수직을 이루는 line.
vertical section : 세로 section.
vertical slice : 세로 slice.
visual : 시각적.
visual check : shape이 정확한지 눈으로 check하는 것.
weight : 무게감.
weight line : 무게감이 나타나는 선.

참고 문헌

Daniela Turudich, 1940s Hair styles, streamline press, 2001.

Gerald Battle-Welch, Luca P. Marighetti, Merner Möller, Vidal Sassoon and the Bauhaus, Cantz, 1992.

Milady, Milady's standard textbook of cosmetology, Milady Pub., 2000.

Phillip Rogers, Contemporary Classics the Sassoon way Vol. 1, Haircare. 1991.

Phillip Rogers, Contemporary Classics the Sassoon way Vol. 2, Haircare, 1993.

Phillip Rogers, Contemporary Classics the Sassoon way Vol. 3, Haircare, 1996.

Pivot point, Hair sculpture ladies, Pivot point international Inc., 1994.

Pivot point, Hair sculpture men, Pivot point international Inc., 1995.

Tim Hartley, Annie Humphreys and the Vidal Sassoon International Creative Team, Vidal Sassoon Aquatic Collection spring / summer 97, Haircare, 1997.

Vidal Sassoon, Cutting Hair the Vidal Sassoon Way : second edition, Butterworth Heinemann, 2002.

Beauty & Health 연구회, Vidal Sassoon 50년사, 현문사, 2001.

고성현 외, 컷 디자인, 고문사, 2002.

곽형심 외, Art of Wave, 청구문화사, 2000.

곽형심 외, 미용학개론, 정문각, 2000.

류은주, Hair cut 2, 청구문화사, 2001.

오지영 · 장옥자, Total Hair Design, 명심출판사, 2003.

윤금순 · 김태후, Blow Drying 2000, 도서출판 미산, 2000.

이상근, 헤어컷 디자인, 형설출판사, 2001.

지상기, 커트 論 · 學, 고문사, 1999.

• 오지영 : 대덕대학교 뷰티과 교수
• 반효정 : 대덕대학교 뷰티과 외래교수
• 이부형 : 창원문성대학 미용예술과 교수
• 배선향 : 진주보건대학교 피부미용과 교수
• 심은옥 : 서울예술전문학교 뷰티예술학부 교수

Hair cut 디자인

2015년 2월 24일 1판 1쇄 인쇄
2015년 3월 2일 1판 1쇄 발행

지은이: 오지영 · 반효정 · 이부형 · 배선향
심은옥
펴낸이: 박 정 태

펴낸곳: **광 문 각**

413-120
파주시 파주출판문화도시 광인사길 161 광문각빌딩
등 록: 1991.5.31 제12-484호
전화(代): 031)955-8787
팩 스: 031)955-3730
E-mail: kwangmk7@hanmail.net
홈페이지: www.kwangmoonkag.co.kr

ISBN:978-89-7093-765-6 93590

정가: 25,000원

KSPA 한국과학기술출판협회회원